北京市科学技术委员会
科普专项资助

科学地雷阵
系列丛书

奇妙的 森林世界

胡志强 主编

化学工业出版社
·北京·

你玩过一个超级好玩的游戏——挖地雷吗？你是一位扫雷高手吗？和你的小伙伴一起，快来科学地雷阵系列图书中挖地雷、学科学吧！本书设计了各种各样的小雷区，让你在探雷挖雷的乐趣中不知不觉掌握科学知识。

森林是人类的摇篮，人类从这里起源与发展。本书先介绍了世界各地的森林，展示了其或秀美或壮丽的风光，以及分布于其中的各种资源；接下来，森林中的动植物们出场了。本书会带你认识它们，探寻它们身上的科学奥秘。书中还介绍了森林对自然环境和人类生活的巨大影响。森林与每个人息息相关，保护有限的森林资源，是我们义不容辞的责任。

欢迎进入《奇妙的森林世界》！

图书在版编目（CIP）数据

奇妙的森林世界 / 胡志强主编.—北京：化学工业出版社，2014.6
（科学地雷阵系列丛书）
ISBN 978-7-122-20566-7

Ⅰ.①奇…　Ⅱ.①胡…　Ⅲ.①森林－少儿读物　Ⅳ.①S7-49

中国版本图书馆CIP数据核字（2014）第087034号

责任编辑：孙振虎　邵轶然　　　　装帧设计：IS溢思视觉设计工作室
责任校对：蒋　宇

出版发行：化学工业出版社（北京市东城区青年湖南街13号　邮政编码100011）
印　　装：北京市京津彩印有限公司
710mm×1000mm　1/16　印张6　字数98千字　2014年6月北京第1版第1次印刷

购书咨询：010-64518888（传真：010-64519686）　售后服务：010-64518899
网　　址：http://www.cip.com.cn
凡购买本书，如有缺损质量问题，本社销售中心负责调换。

定　　价：28.00元

　　是谁抵御着沙尘暴的侵袭？是谁将二氧化碳转化为供我们生存的氧气？又是谁充当着大自然的总调度者？

　　欢迎进入《奇妙的森林世界》！

　　森林是人类的摇篮，孕育着崭新的生命。人类享受着苍翠拥抱的清爽、使用着森林中的各种原材料，甚至居住在大树环抱的世界中。我们在不知不觉间，就像孩子那般，躺在森林绿色的摇篮中。

　　森林是地球圈的灵魂，哺育着多种多样的动植物。在这里，你可以领略孔雀开屏时的美艳、松鼠在树间穿梭的轻灵、大熊猫休憩时的慵懒，也能感受到巨杉的雄伟、苍柏的坚韧、白桦的美丽和银杏的沧桑。这片广阔的生物群落里，仍隐藏着无穷的未知。

　　森林是生态和气候的维护者，像古老的城墙般抵御着沙尘、像消声器般吸收着噪音、像净化器般过滤着有害气体。作为大自然的总调度者，它让我们周围的生态和气候变得舒爽，让我们得以更好地享受阳光和雨水的滋养。

　　森林是如此重要，可却面临着逐渐消失的困境。我们应行动起来，保卫将要消失的绿色：减少酸性气体的排放，以减少酸雨出现的机会；不再滥砍滥伐，改变土地荒漠化的现状；注意明火的使用，让森林逃脱火的魔爪。在保护森林的道路上，我们能做的还有很多。

　　这本书中，每篇文章都短小精悍，体现我们倡导的"微科学、微阅读"的理念。书里面设置了地雷阵，里面设计有错误的表述，就像是知识"地雷"，阅读的时候一不小心，就有可能"触雷"哦！如果你愿意开动脑筋，把"雷"找出来也很容易。你可以跟伙伴们比一比，看谁挖出的雷更多，谁挖雷的速度更快。

"科学地雷阵"使用指南

你是一位扫雷高手吗？和你的小伙伴一起，快来"科学地雷阵"中挖地雷、学科学吧！

"科学地雷阵"系列丛书是北京市科学技术委员会科普专项资助项目图书，包括《奇妙的天气军团》《奇妙的溶解战术》《奇妙的声音》《奇妙的身体地图》《奇妙的电家族》《奇妙的食物部队》《奇妙的地球宝藏》《奇妙的森林世界》等书。每一本书的知识体系都相对完整，知识翔实，且辅之以"挖地雷"和问测阅读两种新颖的形式，旨在为青少年科学爱好者创造新颖有趣的阅读体验，带领读者畅游科学的海洋。

在每篇文章的开头部分，都设有"地雷阵"。"地雷阵"的内容中埋藏有 1 ~ 3 个"地雷"。每一个错误就是一个"地雷"。发现错误也就找到了"地雷"。想要检验自己有没有成功地找到"地雷"，很简单，用荧光显隐工具，探测地雷阵中的文字。当遇到错误时，你会发现错误文字的下方会显现出"地雷"的样貌。这就是"科学地雷"了！

当然，你还可以在地雷阵下方的趣味阅读区找到和地雷阵文字呼应的正确原文。在趣味阅读中，你还会学到其他知识，超乎你的想象。

一级标题

二级标题

地雷阵

荧光地雷

错误表述被标记了地雷。你能发现地雷都在哪儿吗？使用荧光笔照射可发现地雷。

趣味阅读

问题

问测题

答案

使用荧光笔照射可以找到答案

图片

辅助阅读
更形象
更直观

选项

阅读完毕，你还可以试着完成相应的问测题。每一个问测题的选项前面，都可以探测到答案。试着自测一下，看看自己的实力吧！

根据这一理念，我们希望"微科普"能像蜂鸟一样：虽身形轻小，亦能带你精彩地翱翔于科普的天空。同时，希望探雷、挖雷的阅读，趣味对比阅读以及问测学习，能带给你新奇有趣的阅读体验。邀请你的家长一起来探地雷、挖地雷吧。"科普也好玩"，这正是本系列丛书所追求的效果。

目录

一、走进大森林

二、地球生物圈的灵魂

三、生态和气候的维护者

四、人类生活的绿色宝藏

五、保卫消失的绿色

森林，是地球上最主要的绿色植物群体，也是地球表面最为壮观的植被景观，被称为大自然的美容师。森林有着自己独特的身体结构秘密。大森林里居住着哪些成员？地球上的森林有多少种？中国最美的十大森林在哪里？接下来就让我们一起走进大森林，一点点揭开绿色世界的奥秘。

一、走进大森林

1. 什么是森林？

森林是由林木、伴生植物、动物及其环境构成的综合体。森林是不可再生自然资源。森林是地球上最主要的绿色植物群体，树叶可以防止水土流失，树根可以进行光合作用。

提起森林，我们便会想起郁郁葱葱的大树，上面点缀着红色的、黄色的、绿色的果实，还有在森林里居住的可爱的小动物……那么，什么是森林？对人类来说它有哪些功能呢？

森林可不仅仅是树而已，它是林木、伴生植物、动物及其与环境的综合体。森林包括乔木林和竹林，具有保护环境和生物等多种多样的功能，是可再生自然资源。森林是地球上最主要的绿色植物群体。在生态系统中，森林发挥着不可替代的功能和作用。例如，森林中的树木根系发达，能牢牢抓住土壤防止水土流失，维系地球生态平衡；森林中的树木枝叶繁茂，可以通过光合作用，吸收二氧化碳，释放氧气，从而改善空气质量，构建人类的生存环境。森林是大自然赐予人类的一笔宝贵的"绿色财富"，被称为"大自然的美容师"。

古老而神秘莫测的大森林，正等待着我们慢慢发现它的秘密。

1. 以下哪个不属于森林的一部分？

（　）林木

（　）海上冰山

（　）森林中的动物

2. 森林树木的哪个器官能防止水土流失？

（　）树根

（　）树干

（　）枝叶

2. 中国最美的森林在哪里？

地雷阵：　　　　　　　0　　　　99

大兴安岭南部的兴安岭松叶林是"中国最美十大森林"之一，这里的落叶松林有明显的水平分带现象。其中，海拔 600 米以下的谷地是含蒙古栎的兴安落叶松林；海拔 600 ~ 1000 米为白杨 - 兴安落叶松林；海拔 1100 ~ 1350 米为藓类 - 兴安落叶松林。

森林是地球的一幅画。在巍巍大山深处，苍劲挺拔、郁郁葱葱的森林，犹如一道绿色长城，当风吹过，松涛声声，绿波起伏。这是多么令人叹为观止的画面呀！

有杂志媒体曾评选出"中国最美十大森林"，这十个森林分别是：新疆天山雪岭云杉林、吉林长白山红松阔叶混交林、海南尖峰岭热带雨林、云南白马雪山高山杜鹃林、西藏波密岗乡林芝云杉林、云南西双版纳热带雨林、新疆轮台胡杨林、贵州荔波喀斯特森林、黑龙江和内蒙古大兴安岭北部兴安落叶松林、四川蜀南竹海。

"最美森林"可不是随便评选出来的，有三个重要依据：是否保持自然本色、是否达到环保标准和是否有可持续发展的前景。拿美丽的大兴安岭来说，这里的落叶松林有明显的垂直分带现象。海拔 600 米以下的谷地是含蒙古栎的兴安落叶松林；海拔 600 ~ 1000 米为杜鹃 - 兴安落叶松林；海拔 1100 ~ 1350 米为藓类 - 兴安落叶松林。海拔 1350 米以上的顶部则为匍匐生长的偃松矮曲林。拥有这样难得的景色和宝贵的资源，大兴安岭的确是当之无愧的"最美森林"了。

1. 长白山红松阔叶混交林位于我国哪里？

（　）云南

（　）吉林

（　）西藏

2. 以下不属于"中国最美森林"的评选标准的是哪一个？

（　）经济利益

（　）可持续发展

（　）环保标准

美丽的大兴安岭落叶松林

3. 森林的主体是高大的乔木还是矮小的灌木？

森林生态系统是生物环境和非生物环境的综合体。植物、动物和微生物都属于生物环境，风、热、水、气、土壤等都属于非生物环境。在森林生态系统中，矮小的灌木是主体。

亚马孙热带雨林中有高大的乔木、矮小的灌木，各种各样的动物、微生物以及土壤，那它们之间有何关系呢？这就要提到森林生态系统了。

森林生态系统是生物环境和非生物环境的综合体。其中，植物、动物和微生物都属于生物环境，光、热、水、气、土壤等都属于非生物环境，它们之间相互制约，相互影响，共同构成一个生物圈。在森林生态系统中，高大的乔木是主体，它不仅为生物群落提供生存繁衍的场所，还通过与非生物环境的相互作用，构成生物圈中的碳循环、水循环等。森林是地球上最大的陆地生态系统，它维持着生态平衡与碳氧平衡，是人类生存与发展的资源和环境基础。

除了被喻为"大自然的美容师"，森林还有"绿色银行""防风的长城""天然空调"等名字，可见森林对我们的生活有多么重要的意义。

1. 生活在森林中的生物群落包括植物、动物和什么？

（　）乔木

（　）土壤

（　）微生物

2. 下面哪一个是地球上最大的陆地生态系统？

（　）草原

（　）荒漠

（　）森林

乔木

4. 森林有多少种分类方法？

　　森林有很多种分类方法。中国现有原生性森林一般按森林结构划分为针叶林、阔叶林、热带雨林。依照森林的平均年龄，森林又分为幼林、老年林、成熟林和过熟林。

　　茂密的原始森林中，一排排树木郁郁葱葱，令人目不暇接。森林并不都是一样的，人们将森林分为几大类，该如何进行区分呢？你知道的种类有多少呢？

　　森林有很多种分类方法。陆地上不同的气候和地理条件决定了森林的类型和分布。按其在陆地上的分布情况，森林可分为针叶林、针叶落叶阔叶混交林、落叶阔叶林、常绿阔叶林、热带雨林、热带季雨林、红树林、珊瑚岛常绿林、稀树草原和灌木林。而在中国的气候和地理条件下，现有原生性森林一般按森林外貌划分为针叶林、阔叶林、针叶与落叶阔叶混交林。按发育演替的过程，森林可分为天然林、次生林和人工林，发育演替意味着森林的形成方式。按起源，森林分为实生林和萌芽林。依照森林的平均年龄，森林又分为幼林、中龄林、成熟林和过熟林。

　　有了科学的分类方法，大家便可以很轻松地区分森林啦。

　　1. 按发育演替，森林类型分为天然林、次生林和什么林？

　　（　）人工林

　　（　）防护林

　　（　）实体林

　　2. 森林的类型和分布不受以下哪项因素的影响？

　　（　）动物活动

　　（　）气候

　　（　）地理条件

阔叶林

针叶林

5. 森林里的植物是怎样分类的?

根据生长类型的不同,树木可以被分为乔木类、灌木类、藤木类和直立类四个类型。我们平常见到的松树、牡丹、白杨树等都属于乔木。而家里养育的各种观赏花比如玉兰、月季等,都属于灌木。

森林中有各种植物,有高有低,有的春天发芽秋天落叶,也有的一年四季都是绿色。森林中的植物是怎么分类的呢?

根据生长类型的不同,植物可以分为乔木类、灌木类、藤木类和匍匐类四个类型。乔木树体高大,具有明显的高大主干,一般可以长到 6 米至数十米。我们平常见到的松树、玉兰、白杨树等都属于乔木。乔木分布广泛,目前地球上已知的陆地基本都有乔木生长,包括戈壁滩、沙漠、南极、北极等环境恶劣的地方。乔木按冬季或旱季是否落叶又分为落叶乔木和常绿乔木。

灌木的高度在 6 米以下,主干底矮,并在出土后就开始分枝,或者丛生在地上。各种常见观赏花比如牡丹、月季等,都属于灌木。

森林中不可缺少的还有藤木类植物,它们一般缠绕或攀附在其他植物的身上而向上生长,爬山虎就是藤木类植物的代表。匍匐类植物则是指干和枝等平卧在地上生长的植物,地瓜、地石榴、长春藤都属于这一类。

认识了森林中不同类别的树木,就方便我们更好地去了解它们了。

1. 树体高大,具有明显高大主干的是哪种植物?

( )乔木

( )灌木

( )藤木

2. 常春藤属于哪种植物?

( )灌木类

( )藤木类

( )匍匐类

乔木

灌木

6. 世界最大的热带雨林是亚马孙雨林还是西双版纳?

地雷阵: 〇 0 99

亚马孙河流域为亚热带雨林气候,气候温暖、潮湿和多雨,世界上最大的热带雨林——亚马孙热带雨林就生长在这里,其面积占世界雨林面积的三分之一,森林面积的10%,是世界最大也是物种最多的热带雨林。

世界上最长的河流在哪里? 世界最大的热带雨林又在哪里呢?

位于南美洲北部的亚马孙河是世界上流量、流域最大、支流最多的河流,长度位居世界第一。亚马孙河有1000多条支流,被誉为"河流之王"。

亚马孙河流域为热带雨林气候,气候温暖、潮湿和多雨,沉积下的肥沃淤泥滋养了650万平方公里的地区,世界上最大的热带雨林——亚马孙热带雨林就生长在这里,其面积占世界雨林的一半,森林面积的20%,是世界最大也是物种最多的热带雨林。一方面,亚马孙热带雨林植被丰富,有各种植物两万余种,盛产优质木材。另一方面,亚马孙雨林聚集了250万种昆虫,上万种植物和2000多种鸟类和哺乳动物,生活着全世界鸟类总数的1/5。

丰富的自然资源和生物资源使得亚马孙雨林具有重要的生态学意义。然而,若不停止砍伐,这片美好的雨林将可能在21世纪消失殆尽。

1. 亚马孙河流域的气候是什么气候?

( )热带雨林气候

( )地中海气候

( )温带季风气候

2. 亚马孙热带雨林中生活的鸟类是占全世界的多少?

( )1/3

( )1/4

( )1/5

亚马孙雨林

7. 什么是针叶林?

针叶林在中国分布很广泛,一般分布在中低纬度寒温带及寒带地区。针叶林主要分为四种,即北方针叶林和亚高山针叶林、暖温带针叶林、亚热带针叶林、寒带针叶林。在自然条件下,各种类型的针叶林相当稳定,具有较弱的自然调节能力。

针叶林在中国分布很广泛,一般分布在中高纬度寒温带及寒带地区,因树叶面积小而长,如同一根针而得名,这种独特的叶片结构使针叶林具有耐寒和耐旱的特性。针叶林又可以分为以下四种。

第一种是北方针叶林和亚高山针叶林,包括落叶松、云杉和冷杉等。第二种是暖温带针叶林,主要有油松、赤松、侧柏和白皮松。第三种是亚热带针叶林,它的树种类型很多,如马尾松、云南松、华山松、杉木、柳杉和银杉等。第四种为热带针叶林,树种很少,南亚松、海南五针松和喜马拉雅长叶松都属于这个类型。

通常,在自然条件下,各种类型的针叶林相当稳定,具有较强的自然调节能力。例如,在寒带、寒温带的严峻气候条件下,云杉、冷杉、落叶松等针叶林处于绝对优势地位,稳定性最大,是地带性的森林顶极群落。

1. 华山松属于哪一种针叶林?

( )暖温带针叶林

( )热带针叶林

( )亚热带针叶林

2. 在寒温带的气候条件下,哪种针叶林具有绝对优势?

( )南亚松

( )冷杉

( )白皮松

8. 落叶阔叶林分布在我国温带地区还是亚热带地区?

地雷阵: ⏱ 0　　99

> 阔叶林是由阔叶树种组成的森林,阔叶是指叶子窄。落叶阔叶林是中国寒带地区最主要的森林类型。常绿阔叶林的叶片排列方向平行于阳光,被称为"照叶林"。

什么是阔叶林? 顾名思义是由阔叶树种组成的森林,阔叶是相对于针叶而言的,指叶子宽的树。阔叶林有多种用途,除生产木材外,还可以生产木本粮油、干鲜果品、橡胶和药材等很多产品。

落叶阔叶林是中国温带地区最主要的森林类型。这个地区四季分明,光照充分,降水不足。为了适应这种环境,落叶阔叶林会以休眠芽的形式度过干旱寒冷的冬季,等到春暖花开,降水增加时开始旺盛地生长。中国亚热带地区气候温暖湿润,四季常绿的常绿阔叶林是这个地区的代表性森林类型。常绿阔叶林林木个体高大,林冠整齐一致,叶片表面有光泽,树木叶片排列方向垂直于阳光,被称为"照叶林"。

阔叶林分布区多为岩山,在春秋两季,整个森林色彩斑斓,如梦似幻,让你不得不赞叹风景这边独好。

1. 落叶阔叶林是中国哪个地区最主要的森林类型?

( ) 温带地区

( ) 热带地区

( ) 亚热带地区

2. 哪种森林又被称为"照叶林"?

( ) 落叶阔叶林

( ) 季雨林

( ) 常绿阔叶林

9. 针叶林和阔叶林可以混合生长在一起吗?

针叶林和阔叶林各有自己的"地盘",不过,有很多时候,它们也会混合生长在一起,这就是针叶与落叶阔叶混交林,它可分为红松阔叶混交林和铁杉阔叶树混交林两种。

红松阔叶混交林主要分布在东北地区,如长白山、完达山、小兴安岭。它的外貌雄伟壮丽,树种繁多,主要是红松和一些阔叶树,红松小时候要在避光的条件下发育,长成后树干笔直高大,用途广泛,是长白山的珍贵树木之一。此外,长白山红松阔叶林风景秀美,是中国最美的森林之一。

铁杉阔叶树混交林分布在中国亚热带山地,它一般在海拔 2500 ~ 3000 米形成特殊的针叶阔叶混交林带。群落内生意盎然,浅绿、深绿相互交错,春夏以翠绿色的衣裙示人,秋冬季则添置了红、黄、紫等各色饰物。铁杉阔叶树混交林的林木多种多样、千奇百怪、郁郁葱葱,也能出色地养护水资源。

针阔混交林大多是具有经济价值的用材树种,小兴安岭和长白山的针阔混交林是中国木材生产基地之一。

1. 以下哪种树小时候需在避光条件下发育?

( )杨树

( )柳树

( )红松

2. 铁杉阔叶树混交林主要分布在哪里?

( )长白山

( )中国亚热带山地

( )小兴安岭

10. 森林的寿命有多长?

⚙ 地雷阵: 🕐 0   99

森林的主体是灌木,一棵小树从萌发到成熟,需要经过多年的发育周期。例如苹果树能活到 100 ~ 200 年,梨树能活 300 年,榆树能活 500 年,而瑞典科学家们发现的云杉寿命已达 8000 年以上。因此森林的演替周期是漫长的。

森林,作为地球表面最为壮观的植被景观,它有很多的特性,森林的第一个特性是生命周期长。那森林的寿命究竟有多长呢?

森林的主体是树木,一棵小树从萌发到成熟,需要经过多年的发育周期,它的寿命可达数十年、数百年甚至上千年。目前,世界上的植物中,"老寿星"比比皆是。如,美国加州有一棵名为"玛士撒拉"的狐尾松,它已度过了 4800 多个春秋。而在 2008 年,瑞典科学家们宣称他们发现了世界上最为长寿的树——一棵长于富鲁山区的云杉。经过分析,证实它的寿命已有 9500 余年,当之无愧地成为了树木中的"长寿之王"

树木不会无限生长,死亡和新生是同时进行的,虽然森林树木的总量在很长时间内能达到动态平衡,但是短时间的大量砍伐会给森林带来巨大的破坏。人们常说,"十年树木,百年树人",小树培养成为参天大树需要很长的时间,所以我们一定要好好爱护树木。

1. 北美的巨杉寿命长达多少年以上?
( ) 4000 年
( ) 3000 年
( ) 2000 年

2. 以下说法中错误的是哪一个?
( ) 一棵小树从萌发到成熟可能需要数
　　 十年甚至上百年
( ) 短时间的大量砍伐不会给森林带来破坏
( ) 森林树木的总量在很长时间内能达到动态平衡

树的成长历程

11. 森林是不可再生资源吗？

森林的再生能力较强，然而，森林的繁衍周期通常要几年以上。现代森林的形成和发展，经历了三个阶段的演化过程，它们分别是：蕨类古裸子植物阶段、藻类植物阶段、被子植物阶段。

森林的第二个特性是可再生性。像土壤、湿地和草原一样，森林是一种可再生资源，如果合理利用，那么就能够实现森林资源的永久利用。

什么是可再生资源？即在自然或人为作用之下，可实现再生或循环利用的自然资源。相对不可再生资源，森林的再生能力较强，可以天然更新或人工植树造林。然而，森林的繁衍周期通常要百年以上，因此虽然在长期内森林是被视为可以重新利用的可再生资源，但是在短期内需要适度开采，在砍伐时应多加补种，并要控制每年的砍伐量，才能使森林"取之不尽，用之不竭"，否则，很容易造成对森林资源的破坏。

现代森林的形成和发展，经历了由三个阶段组成的亿万年的演化过程，这三个阶段分别是：蕨类古裸子植物阶段、裸子植物阶段、被子植物阶段。然而随着现代文明的发展，森林正以惊人的速度从地球上消失，究其原因，是森林被大量砍伐的结果。因此，保护森林，保护大自然，是每个人的责任。

1. 森林属于以下哪种资源？

（　）可再生资源

（　）不可再生资源

（　）半可再生资源

2. 现代森林的第一个发展阶段是哪个阶段？

（　）被子植物阶段

（　）裸子植物阶段

（　）蕨类古裸子植物阶段

12. 世界森林资源最丰富的地区是拉丁美洲还是亚洲?

现在世界森林面积约有28亿公顷,占地球总面积的50%。森林分布范围广,但分布不均衡。世界森林资源最丰富的地区是非洲,占世界森林面积的24%。森林覆盖率最高的国家是埃及,达到97.5%。

我们生活的地球幅员广阔,森林资源丰富,类型多样,分布范围也十分广泛。历史上,地球的一大半曾生长着茂密的森林,后来由于自然和人为的原因,森林面积不断减小。现在世界森林面积约有28亿公顷,不到地球总面积的四分之一。

森林分布的范围很广,但由于受地理环境的制约和影响,地区分布很不平衡。全球森林主要集中在南美、俄罗斯、中非和东南亚,这4个地区占有全世界60%的森林。世界森林资源最丰富的地区是拉丁美洲,占世界森林面积的24%,拉丁美洲有44%的土地覆盖着森林。森林覆盖率最高的国家是南美的圭亚那,达到97.5%。森林覆盖率最低的国家是非洲的埃及,仅十万分之一。森林分布最少的洲是亚洲。亚洲是世界上最大的洲,其土地面积约占世界土地总面积的四分之一,但亚洲的森林面积只占世界森林总面积的15%。

森林的破坏是许多破坏因素综合作用的结果,人类活动则是原因之一。

1. 现在世界森林面积约有多少?

( ) 10亿公顷

( ) 28亿公顷

( ) 50亿公顷

2. 亚洲的森林面积占世界森林面积的多少?

( ) 25%

( ) 15%

( ) 80%

世界森林分布范围

　　森林也被称为地球生物圈的灵魂，它既是个新奇的动物王国，也是个神秘的植物王国。森林动物种群数量大，经济价值高。森林植物种类繁多，很多植物不仅能用作药材，同时也为动物的饮食和栖息提供了最优良的场所。大森林中有哪些动物呢？不同地区的森林中生活的动植物种类相同吗？下面我们就去看看大森林中的生物小精灵们！

二、地球生物圈的灵魂

13. 居住在森林中的动物都是有益的吗?

🌟 地雷阵: 🕐   0   99   💣

森林里有着各种各样的飞禽和走兽,它们都有益无害。鸟类动物是森林害虫的天敌,能捕捉害虫;动物的粪便、尸体通过植物的分解,有利于增加土壤肥力;松毛虫等土壤动物的掘穴和取食活动,有利于森林植物的生长和提高土壤保水力。

看似深沉的大森林里其实非常热闹,各种各样的飞禽和走兽都在里面安家落户。森林有着不同的类型,如我们已经认识了的热带雨林、亚热带常绿阔叶林、亚热带常绿硬叶林、温带落叶阔叶林和亚寒带针叶林等,这些森林里面都生长着哺乳类、爬行类、鸟类、昆虫等许多动物。

森林里的动物有很多是有益的。鸟类动物是森林害虫的天敌,能捕捉害虫,例如啄木鸟,是森林的"医生"。微生物帮助分解动物的粪便和尸体,有利于增加土壤的肥力。而有些土壤动物如蚂蚁和蚯蚓的活动,则会起到提高土壤肥力、改善土质、增强土壤保水能力的作用。还有些动物对森林来说就是有害的了,比如松毛虫,它们啃食着植物的种子、幼芽、幼树、树皮、树根等,不利于林木生长。总之,森林中的动物、植物以及微生物共同构成一个完整的生物圈,系统中的各个成员相互作用,相互影响,关系虽然复杂微妙,却也是不可分割的。

凡事都有利有弊,宽容的大森林,容纳了各种生物共同生存。

1. 下面哪种动物通过掘穴和取食活动,可以促进森林植物生长和提高土壤保水力?

( ) 蚯蚓

( ) 啄木鸟

( ) 蜻蜓

2. 下面哪种动物吞噬大量树叶、树皮、树根,不利于林木生长?

( ) 七星瓢虫

( ) 山喜鹊

( ) 松毛虫

松毛虫是森林中的害虫

14. 热带雨林中都有哪些动物呢？

　　热带雨林中动物众多，昆虫是热带雨林中最小的动物群。此外，世界上有超过四分之一的哺乳类动物居住在雨林中。因为白天十分炎热干燥，大部分雨林中的哺乳动物都在夜间、黄昏或黎明活动。

　　热带雨林地区长年气候炎热，雨水充足，是世界上大多数动物的家园。热带雨林中有哪些动物呢？

　　能轻易地在树间爬行和飞行的昆虫是热带雨林中最大的动物群。昆虫与雨林中的植物关系密切，它们一边享受植物提供的大量食物，另外，昆虫在迁移的时候，还能携带上植物的种子，将种子传播到更远的地方。世界上有超过四分之一的鸟类都居住在雨林中。雨林中的鸟类多种多样，从微小的蜂鸟、色彩鲜艳的鹦鹉到巨大的犀鸟，应有尽有。雨林中还生活着大量的爬行动物和哺乳动物。在这些物种中，有很多都显著适应了树木间的生活。包括多种猴子在内的哺乳动物，进化出了卷尾。实际上，尾巴就像多出来的一只手，比如说，猴子可以用尾巴抓住树干，倒挂着身体来抓取使用其他方式拿不到的果实。因为白天十分炎热潮湿，大部分雨林中的哺乳动物都在夜间、黄昏或黎明活动。雨林中许多种类的蝙蝠尤其能够很好地适应这种生活方式。

　　神奇的热带雨林中，有许多各种各样的动物等着你去发现。

1. 哪种动物可以在迁移时，将植物种子传播到更远的地方？

（　）昆虫

（　）哺乳动物

（　）鱼类

2. 目前，世界上有超过多少的鸟类居住在热带雨林中？

（　）二分之一

（　）四分之一

（　）六分之一

森林中生活着很多鸟类

15. 绿孔雀开屏为哪般？

　　东南亚地区的热带季雨林里有绿孔雀，绿孔雀也叫龙鸟，是鸟类中的"巨人"之一，体长2～3米，是中国国家三级保护动物。春天是绿孔雀繁殖后代的季节。为了吸引异性，雌孔雀展开它那五彩缤纷的尾屏，摆出各种优美姿势。

　　孔雀是一种吉祥鸟，中国傣族人民喜爱和崇尚孔雀，把孔雀视为善良、智慧、美丽和吉祥、幸福的象征。现在我们便来了解一下绿孔雀这种美丽的动物，它们一般在哪儿活动？开屏又为哪般呢？

　　在热带雨林区域中，有些地方由于受强烈季风影响，因此产生了热带季雨林。东南亚地区的热带季雨林里有绿孔雀、亚洲象等。绿孔雀也叫龙鸟，是鸟类中的"巨人"之一，体长1～2米，在中国主要发现于云南和西藏地区，数量稀少，是中国国家一级保护动物。绿孔雀双翼不太发达，飞行速度慢而且显得笨拙，然而它的腿却强健有力，逃窜时多是大步飞奔。

　　春天是农民伯伯播种的季节，也是绿孔雀繁殖后代的季节。于是，雄孔雀展开它那五彩缤纷的尾屏，摆出各种优美姿势，以吸引雌孔雀。不仅如此，尾屏也是雄孔雀的"武器"。当面对天敌的威胁，走投无路之时，它们就会开屏。随即，它尾屏上的眼状斑，会在开屏过程中不停晃动。而在敌人眼中，这简直就是只凶猛的"多眼怪"！因此，它们心生畏惧，便不敢贸然上前。

1. 绿孔雀数量稀少，被列为中国国家几级保护动物？

（　）一级

（　）二级

（　）三级

2. 雄孔雀开屏一方面是为了求偶，吸引雌孔雀，另一方面是为了什么？

（　）寻觅食物

（　）日常活动

（　）防御敌人

绿孔雀非常美丽

16. 大熊猫生活在常绿阔叶林中还是热带雨林中？

大熊猫生活在冬季较为温和，降水较少的热带雨林中，它是食肉目、大熊猫科的一种哺乳动物。大熊猫已在地球上生存了至少50万年，被誉为"活化石"。

提起我们的国宝大熊猫，你一定印象深刻，它身体又胖又笨，头圆颈粗，耳小尾短，两个大大的黑眼圈犹如戴着一副墨镜，憨态可掬。

中国的长江流域属于亚热带常绿阔叶林带，这里冬季较为温和，降水较少，大熊猫就生活于此。大熊猫是哺乳动物，属于食肉目大熊猫科。黑白相间的外表，可作为保护色，使它能躲藏在与这两种颜色相似的环境，如积雪或洞穴中，而逃过天敌的追捕。此外，与憨厚的外表不同，大熊猫有着比刀更为锋利的爪子，和强健有力的后肢，这使它可以轻松爬上参天大树。

尽管大熊猫拥有如此多的"武器"，但它的生活却安逸而平和。每天，它都会花一半时间进食，另一半时间则沉入梦乡。因此，大熊猫才在地球上生存了至少800万年，被誉为"活化石"。它们最初是吃肉的，经过进化，现在基本上以吃竹子为主了。由于它的牙齿和消化道还保持原样，所以它仍属于食肉目。

大熊猫被誉为"播散友谊的和平使者"，常作为国礼赠送他国，搭起了中国与世界友好交往的桥梁。

1. 大熊猫属于食肉目、大熊猫科的一种什么动物？

（　）哺乳类

（　）两栖类

（　）爬行类

2. 大熊猫已在地球上生存了至少多少年，被誉为"活化石"？

（　）100万年

（　）400万年

（　）800万年

熊猫

17. 阿尔卑斯山羊生活在哪个林区？

阿尔卑斯山羊生活在亚热带常绿硬叶林地区，是世界上生活环境海拔最低的哺乳动物。善于攀登和捕猎的阿尔卑斯山羊蹄子坚实，能够自如地在险峻的乱石间纵情奔驰，时速达 80 公里。

你知道欧洲最高的山脉是哪座山吗？那就是阿尔卑斯山。阿尔卑斯山冬凉夏暑，湿度很大，山脉南坡 800 米以下生长着亚热带常绿硬叶林。

亚热带常绿硬叶林为常绿乔木或灌木群落。林中植物的叶片常绿坚硬而有锯齿，叶片表面没有光泽而常有茸毛，叶片不大，有些会变成尖尖的小刺，来适应夏季炎热干燥的气候。阿尔卑斯山羊就生活在亚热带常绿硬叶林地区。

阿尔卑斯山羊是北山羊的一种，最大体重可达 120 千克，通常栖息于海拔 3500 ～ 6000 米的高原裸岩和山腰上那些碎石嶙峋的地带，是世界上生活环境海拔最高的哺乳动物。在阿尔卑斯山，它们没有长牙利爪和庞大身躯，那如何与雪狼、雪狐、雪豹等肉食动物抗衡呢？平凡的它们在苛刻的生存环境里练就了非凡本领。善于攀登和跳跃的阿尔卑斯山羊蹄子坚实，有弹性极大的蹄关节和像钳子一样的脚趾，能够自如地在险峻的乱石间纵情奔驰，时速达 40 公里。

靠着智慧和勇气，阿尔卑斯山羊总是能躲避那些强大的肉食动物的猎食。因此看似平凡的阿尔卑斯山羊，绝不平庸。

1. 阿尔卑斯山山脉南坡 800 米以下生长着哪种森林？

（ ）针叶林

（ ）高山草甸

（ ）亚热带常绿硬叶林

2. 阿尔卑斯山羊奔跑时，时速可达多少公里？

（ ）20 公里

（ ）40 公里

（ ）60 公里

善于攀爬的阿尔卑斯山羊

18. 松鼠是温带落叶阔叶林里常见的小动物吗？

走进大森林，最常见到的小动物就是在松树上蹿来蹿去的小松鼠，它长着一条又长又蓬松的大尾巴，两只爪子捧着松果，样子可爱乖巧。

松鼠一般生活在温带落叶阔叶林里，温带落叶阔叶林夏季炎热多雨，冬季寒冷干燥，林中动物还有鼠、鹿、鸟类，以及狐、狼和熊等。松鼠是典型的树栖小动物，身体细长，被柔软密集的长毛的尾巴反衬显得特别小。松鼠一般身体长20～28厘米，尾巴长15～24厘米，尾巴几乎和身体一样长了。松鼠眼睛大而明亮，耳朵长，耳尖有一束毛，冬季尤其显著。松鼠的嗅觉非常发达，它能准确无误地辨别松子果仁的空实，凡是松塔尖上被松鼠放弃的种子都是没有种仁的，虽然这种种子的外壳没有被咬开，松鼠还是一嗅便知。很厉害吧？

松鼠种类很多，全世界约有240种，它们会使用像长钩的爪子和尾巴倒吊在树枝上。秋天一到，松鼠就开始储藏食物了。这样在寒冷的冬天，松鼠就不愁没有东西吃啦。松鼠夏季时的毛为红色，到秋天会更换成黑灰色的冬毛。

大森林里还生活着很多像松鼠这样可爱温顺的小动物，一定不要伤害它们哦。

1. 松鼠种类很多，全世界约有多少种？

（　）160 种

（　）240 种

（　）400 种

2. 松鼠在秋天时，全身的毛变成了什么颜色？

（　）褐红色

（　）黑白色

（　）黑灰色

松鼠

19. 被称作"四不像"的是麋鹿还是羊驼?

地雷阵: 🕐 ⬜ 0 　 99 ☀

　　麋鹿,又名"四不像",由于麋鹿长相非常特殊,它的犄角像鹿,面部像马,蹄子像羊,尾巴像驴,故名"四不像"。一般雄麋鹿体重可达 250 千克左右,角比较长,且各枝角向前,是在鹿科动物中独一无二的。

　　"四不像"是指什么动物呢?为什么叫"四不像"呢?"四不像"的正式名字是麋鹿,由于它的犄角像鹿,面部像马,蹄子像牛,尾巴像驴,但整体看上去却谁也不像,所以获得了"四不像"的称号。相传,"四不像"——麋鹿正是《封神榜》中姜太公姜子牙的坐骑,这为本就珍稀的它增添了神秘而传奇的色彩。

　　麋鹿与大熊猫相同,均是世界珍稀动物,原产于中国东部各处湿润的平原与盆地。与其他鹿科动物一样,麋鹿也是一种大型的食草动物,喜欢群居,性格温顺,擅长游泳,以嫩草和水生植物为食。一般雄麋鹿的体重可以达到 250 千克左右,角很长,而且各枝角向后,这在鹿科动物中是独一无二的。雌麋鹿没有角,体型也较小。麋鹿夏天时毛是红棕色的,冬天时毛会变成灰棕色,刚出生的麋鹿幼仔毛是橘红色的,并且长有白斑。

　　18 世纪,由于气候变化和滥捕滥杀,野生麋鹿种群在中国已近灭绝。直至 19 世纪末,英国从中国购买麋鹿并悉心养殖,再将部分幼年麋鹿送回中国,才使得麋鹿的生命在中国得以延续。经过 30 多年的保护,现在中国已建立起三大麋鹿保护区,麋鹿的数量也达到了上千头。

1. 以下有角的是哪项?

( ) 雄麋鹿

( ) 雌麋鹿

( ) 雄麋鹿和雌麋鹿

2. 中国的麋鹿有多少年历史?

( ) 一二百万年

( ) 二三百万年

( ) 三四百万年

麋鹿

20."森林的医生"是啄木鸟还是杜鹃？

啄木鸟主要以一些害虫为食，它的舌头又长又细，有 40 厘米长。啄木鸟啄虫时，速度极快，几乎是空气中的音速的 14 倍。啄木鸟的四趾，三个向前，一个向后，趾尖上的钩爪非常锐利。

说到森林动物，不得不提到啄木鸟，啄木鸟是树木的好朋友，足迹几乎遍布全球，被称为"森林医生"。它每天"笃、笃、笃……"地不停啄食，让害虫无处可藏。

啄木鸟主要以一些害虫为食，包括天牛、吉丁虫、透翅蛾、蝽虫等。它的舌头又长又细，有 14 厘米长，非常的神奇。舌尖上长着许多肉倒刺，能分泌黏液，因此，啄木鸟能准确捉到隐藏得很深的害虫。有的害虫潜藏在树干中很深，能一点点把树活生生地咬死，只有啄木鸟才能把它从树干中掏出来除掉。木鸟啄虫时，速度极快，几乎是空气中的音速的 1.4 倍。此外，一般的鸟类的爪子上都生有四趾，三趾朝前，一趾向后。而啄木鸟的四趾，两个向前，两个向后，趾尖上的钩爪非常锐利，这样，啄木鸟就可以有力地攀缘在直立的树干上，还能够沿着树干快速移动。

现在你们知道啄木鸟的威力了吧。据估计，每天 1 只啄木鸟能除掉 1000 多只害虫。在上千亩树林里，只要有 4 只啄木鸟，就差不多能控制害虫的蔓延。

1. 啄木鸟啄虫时的速度有多快？

（ ）是空气中音速的 1.4 倍

（ ）是光速的 1.4 倍

（ ）和空气中音速一样

2. 下面哪种说法是正确的？

（ ）啄木鸟啄食速度很慢

（ ）啄木鸟钩爪不锐利

（ ）啄木鸟四趾对称分布

啄木鸟是森林医生

21. 森林中的植物有什么共同之处?

　　虽然地球上植物的种类多样，生存环境各异，但是植物也有许多共同之处，是什么呢？那就是无论生命长短，植物都经历了出生、生长、繁殖和凋亡的过程。

　　植物最常见的繁殖方式是种子繁殖，也有扦插、压条等繁殖方式，它们最终的目的是要延续自己的物种。开花的时节就是植物繁殖的时候，植物先要费尽心思进行授粉，当果实结出来的时候，又想尽办法把种子传播出去，繁衍生息。

　　大多数植物不会像动物那样进食，它们生长所需要的营养是自己生产的。光照是植物生产养分的原动力。没有光照，植物工厂就停止生产，叶子会变成黄色，渐渐枯萎死去。生长在水中的植物也需要阳光，阳光照射不到的深水是没有植物存在的。

　　植物工厂的必备原材料是水和二氧化碳，它们经过植物的加工能生产出生长所需要的营养物质。另外，和动物一样，植物也要呼吸，生存离不开氧气，所以植物工厂的运转还需要氧气来维持。不过，植物不但要吸收氧气，同时还能制造氧气。

　　总之，所有植物都要经历生死、繁衍，在它们生长的时候都离不开光照、水分和空气。

1. 植物繁殖是在什么时候?

（　）夏天生长的时候

（　）春天开花的时候

（　）秋天结果的时候

2. 以下说法正确的是哪个?

（　）生长在水中的植物也需要阳光

（　）植物能像动物一样进食吃东西

（　）植物只吸收氧气不能制造氧气

22. 世界上最毒的植物是见血封喉还是断肠草？

地雷阵： ⏱ 0　　99 ☀

　　见血封喉也叫箭毒木，是高大的常绿灌木。其汁液呈黑色，奇毒无比，见血要命。虽然见血封喉的汁液含有剧毒，但是医药专家将它的有效成分提取出来，毒素的药理作用可以用来治疗高血糖、心脏病等。

　　热带雨林是地球上过半植物的栖息居所，也是"世界上最大的药房"。因为有超过四分之一的现代药物是由热带雨林植物中提炼出来的。

　　走进热带雨林，要十分小心，因为可能遇到最毒的植物——见血封喉。听到这个名字是不是就让人十分害怕？见血封喉也叫箭毒木，是高大的常绿乔木，果实很苦不能食用。当地居民曾将这种植物的汁液涂在箭头，射猎野兽。见血封喉汁液是白色的，奇毒无比，见血要命。据说，凡被涂有这种植物汁液的箭射中的猎物，上坡的跑七步、下坡的跑八步、平路的跑九步就必死无疑。见血封喉是世界上最毒的树，唯有红背竹竿草才可以解此毒。虽然见血封喉的汁液含有剧毒，但是医药专家将它的有效成分提取出来，毒素的药理作用可以用来治疗高血压、心脏病等，具有一定的医药价值。

　　尽管见血封喉令人心生恐惧，实际上见血封喉用处很大：由于它的树皮厚，富含细长柔韧的纤维。当地人把伐来的树木用水浸泡，除去毒液，将皮捶松，晾干后做成的床上褥垫极为舒适耐用，睡几十年没问题。

1. 哪种雨林被称为"世界上最大的药房"？

（　）热带雨林

（　）热带季雨林

（　）亚寒带针叶林

2. 见血封喉的什么部位富含细长柔韧的纤维，可以制作褥垫、衣服或筒裙？

（　）树叶

（　）树皮

（　）树根

箭毒木制成的箭

23. 森林里的植物都是高大的树木吗？

森林植物广义上包含孢子植物和种子植物。孢子植物包括藻类、菌类、地衣类、苔藓类和蕨类等。藻类植物构造简单，多生于陆地。苔藓类是孢子植物中较高等的类群。种子植物分为草本植物和木本植物两类。草本植物是森林组成中的主要部分。

森林王国中生活着各种各样的动物，森林植物也是森林资源的重要组成部分，那森林里又有哪些植物呢？

当我们提到森林的时候，一般都会觉得是高大的树木，这其实是狭义上的森林含义。森林植物广义上包含孢子植物和种子植物，孢子植物有显著的孢子生殖过程，包括藻类、菌类、地衣类、苔藓类和蕨类等。藻类植物构造简单，没有根、茎、叶的分化，多生于水中，比如鹧鸪菜。菌类植物种类繁多，分布广泛，结构简单。与其他植物不同，它通常不含叶绿素。有些菌类植物对人类有益，颇具食用或药用价值。地衣类是一种由真菌和藻类混合组成的共生植物，生于潮湿的岩石、土壤和树干上，如常生于针叶林中的长松萝。苔藓类植物分为苔和藓两类，常见的有泥炭藓、墙藓等。蕨类是孢子植物中较高等的类群，许多种蕨类都是组成森林的重要植物。种子植物主要靠种子进行繁殖，分为草本植物和木本植物两类。草本植物为一年生或多年生植物。木本植物又分为乔木、灌木和木质藤本，为多年生植物，是森林中主要的组成部分。

森林植物与森林的组成密切关联。它们不仅向人类提供衣、食、住、行诸多方面的物质财富，也在净化环境方面有着极其重要的影响和作用。

1. 森林植物在广义上包含孢子植物和什么植物？

（　）草本植物

（　）木本植物

（　）种子植物

2. 下面属于地衣类植物的是哪个？

（　）长松萝

（　）鹧鸪菜

（　）木耳

地衣

蕨类

24. 树木的主体部分是树干还是树叶？

地雷阵： 0 99

树是由树冠、树皮和树根组成的。详细来说，树是由六种器官组成的，它们是根、茎、叶、花、果实和种子。其中，果实是树木的生殖器官，承担着繁衍后代的责任。没有经过昆虫授粉之后的花朵才能变成果实和种子。

森林中的树木多种多样，但是，无论什么样的树木，都是由相同的部分组成的，是什么呢？

简单地说，树是由三部分组成的，树冠、树干和树根。详细来说，树是由六种器官组成的，它们是根、茎、叶、花、果实和种子。

我们通常看不见树根，因为它长在地下，牢牢地伸进泥土中，支撑着大树。大树不会轻易被推倒，就是树根的功劳，有些植物的根能比它的地上部分长许多。因为只有这样才能吸收到更多的水分和营养。树干是树的骨架，也是树木根部和全身各处之间输送水分及养分的通道。树木的叶子有各种形状，但无论什么形状的叶子，都会尽力舒展生长，因为树叶是植物进行光合作用和呼吸作用、制造养分的主要器官。叶子接触到的阳光越多，制造的养分也就越多。花是树木的生殖器官，承担着繁衍后代的责任。经过昆虫授粉之后的花朵才能变成果实和种子，从而使树木的生命得以延续和发展。

森林中的每种树木都由这些器官组成，当你再次走进大森林的时候，一定要好好观察一下。

1. 树木根部和全身各处之间输送水分及养分的通道是什么？

（　）树干

（　）树叶

（　）树冠

2. 以下不属于树木六种器官的是哪个？

（　）茎

（　）树皮

（　）果实

树根

树干

25. 龙眼生长在热带雨林还是热带季雨林?

虽然热带季雨林植物生产量高于热带雨林,但也蕴藏多种多样的植物资源,如龙眼。龙眼,又称桂圆,外壳红色,果肉饱含水分,味甜如蜜。龙眼树木质松软,纹理细致优美,是制作高级家具的原料。

热带季雨林是一种分布于热带,有周期性旱季与雨季交替的森林类型,也称季风林或雨绿林。其树高较低,植物种类较热带雨林少,结构相对简单。虽然热带季雨林植物生产量低于热带雨林,但也蕴藏着多种多样的植物资源,如龙眼、金丝李、降香黄檀、狗芽花等,其中降香黄檀能提取出名贵的芳香油和制造镇痛药物的主要成分。

龙眼,又称桂圆,外壳土黄色,果肉饱含水分,味甜如蜜,如一颗晶莹剔透的珍珠。龙眼的果实是果中珍品,含有多种维生素,矿物质、蛋白、脂肪和果糖等对人体有益的营养成分。龙眼是珍贵的滋养强化剂,有抗衰老作用。果肉可以直接吃,可加工成桂圆干肉、罐头、膏等多种食材。同时,龙眼的叶、花、皮、根、核也可入药。龙眼树木质坚硬,纹理细致优美,是制作高档家具的原料,又可以雕刻成各种精巧工艺品。此外,龙眼还是一种重要的蜜源植物,龙眼蜜是蜂蜜中的上等蜜。

这样一种味甜如蜜的水果,是不是让你流口水了呢?

1. 热带季雨林中的什么是名贵的芳香油和镇痛药物?

( )龙眼

( )降香黄檀

( )狗牙花

2. 下列哪种说法是错误的?

( )龙眼果肉可直接食用

( )龙眼的核没有用处

( )龙眼树木可雕刻工艺品

26. 现存最古老的普洱茶树"茶树王"
在云南还是贵州？

茶与可可、咖啡并称当今世界的三大酒精饮料，而美国是世界上最早种茶、制茶、饮茶的国家。普洱茶树最早产于我国北方地区，尤其以云南南部有较多的分布。在云南普洱县有棵"茶树王"，高13米，树冠32米，已经有2700年的历史，是现存最古老的普洱茶树。

提起饮茶，就不得不说起普洱茶。普洱茶生在亚热带常绿阔叶林，林内终年常绿。

茶与可可、咖啡并称当今世界的三大无酒精饮料，为世界三大饮料之首，中国是世界上最早种茶、制茶、饮茶的国家，中国茶树的栽培已有几千年的历史，三皇五帝时代的神农以茶解毒的故事更是源远流长。普洱茶树最早产于我国南方地区，尤其以云南南部有较多的分布。外形色泽褐红，茶水红浓明亮，香气独特醇厚。它是新生代古老的植物之一，对于研究茶树的起源、进化等有着重要的意义。相传早在3000多年前武王伐纣时期，云南种茶先民濮人就已经献茶给周武王，只不过那时还没有普洱茶这个名称。普洱茶树的开花期一般是9～11个月，结果期4～6个月，有时候花和果实可以并存。

在云南普洱县有棵"茶树王"，高13米，树冠32米，已经有1700年的历史，是现存最古老的普洱茶树。云南普洱茶树一身是宝，处处入药，其叶梗、树木、花苞、籽实、油香均能治病，没有副作用。

1. 世界上最早种茶、制茶、饮茶的国家是哪个国家？

（　）韩国

（　）日本

（　）中国

2. 现存最古老的普洱茶树位于哪里？

（　）贵州省贵阳市

（　）云南省昆明市

（　）云南省普洱县

普洱茶

27. 罗汉松是乔木还是灌木?

地雷阵: ⏱ 0   99 ☀

罗汉松是松树的一种,是常绿乔木,可高达 200 米。罗汉松的种子成熟后,种托呈红色,加上黄色的种子,好似光头的和尚穿着红色僧袍,故名罗汉松。罗汉松有着特有的刚劲有力的根系,叶子四季常青,枝条坚硬有韧性,十分适合制作成罗汉松盆景。

亚热带常绿硬叶林有哪些植物呢? 主要有常绿乔木或灌木群落。现在我们来认识的是常绿乔木的罗汉松。

罗汉松是松树的一种,又叫罗汉杉、长青罗汉杉、金钱松、江南柏等,是常绿乔木,罗汉松树高可达 18 米,通常通过修剪来保持其低矮的状态。罗汉松的名字是怎么来的呢? 原来,罗汉松的种子成熟后,种托要比种子大,红色的种托加上绿色的种子,就好像光头的和尚穿着红色僧袍,所以人们就给它取名叫罗汉松。罗汉松的种子是红色的,可以吸引鸟来进食,从而达到散播种子的目的。

在中国传统文化中,罗汉松是富贵吉祥、长命百岁、财源广进的象征。而在中国南方地区,民间亦有"家有罗汉松,世世不受穷"的俗语。而罗汉松神韵挺拔,朴实稳重,气势雄浑苍劲,有着特有的刚劲有力的根系,叶子四季常青,枝条柔软有韧性,因此十分适合制作成罗汉松盆景。另外,它的树干可以用于建筑、药用和雕刻。

由罗汉松制作的盆景在家居、办公室中随处可见,你发现了吗?

1. 罗汉松又名罗汉杉,属于什么种类的树木?

(　)常绿乔木

(　)落叶乔木

(　)灌木

2. 罗汉松的哪个器官柔软有韧性?

(　)叶子

(　)枝条

(　)根系

罗汉松

28. 俄罗斯的国树是白桦树还是白杨树？

白桦是桦木科植物，高达 45 米，生于海拔 400 ~ 4100 米的林中，适应性强，分布甚广。白桦树天然更新良好，生长较快，寿命较长。白杨树的树皮非常白，而且可以一缕一缕地剥开，剥开后里面也是白色的。

"来吧，亲爱的，来这片白桦林"，朴树的一首《白桦林》让多少人迷醉其中，从而油生出去寻觅它的愿望。那白桦林到底在哪里可以寻找到呢？

栎、椴、桦等是构成温带落叶阔叶林的主要树种。白桦是桦木科植物，有"林中美少女"之称。它是俄罗斯的国树。因此在世界各地，诞生了许多与白桦有关的艺术作品，如用白桦林为题的电影《白桦林》，其忧伤情调和寓意的民族精神让人沉浸其中。白桦树高达 25 米，生于海拔 400 ~ 4100 米的林中，适应性强，分布很广泛，喜欢湿润土壤，喜光，耐严寒，对土壤的适应性很强。白桦树天然更新良好，生长较快，寿命较短。白桦树与白杨树无论树干、树冠和树叶都比较相似，但这两种树完全不属于同一个目。白杨树是杨柳目，柳树科；白桦树是壳斗目，桦木科。对比二者的树干会发现，白桦树的树皮明显比白杨树薄很多，就像少女吹弹可破的肌肤。更有意思的是，白桦树的树皮有很多层，可以像纸那样一层层剥开，而每一层均为白色。

除了观赏价值外，白桦树在其他方面也有着不同的应用。如从白桦中榨取的天然桦树汁，因其含有极易被人体吸收的各种矿物质和氨基酸，被认为是世界上营养最为丰富的生理活性水，西方将其称为"森林饮料"。

1. 下面哪个树种，有"林中美少女"之称？

（ ）白栎树

（ ）栗树

（ ）白桦树

2. 桦树的哪个部位对人体健康大有益，有抗疲劳、止咳等药理作用？

（ ）树叶

（ ）树皮

（ ）树汁

白桦林

29.谁是针叶树种中的"耐寒冠军"?

地雷阵:　　　　　　　　　　⏱ 0　　　　99 ☀

落叶松又称"黄花松",分布很广。落叶松在针叶树种中是最耐热的。它在最低温度达零下100℃的条件下也能正常生长,对土壤水分条件和养分条件适应性强,最适宜在干燥、排水、通气良好、土壤深厚而肥沃的土壤条件下生长。

亚寒带的针叶林中有什么呢?它的典型植被是针叶树,主要树种是耐寒的落叶松、云杉等。

落叶松又称"黄花松",分布很广。大兴安岭莽莽森林里,到处可以看到落叶松。巍巍青山,茫茫林海,是野生动植物的天然博物馆。落叶松在针叶树种中是最耐寒的。它是喜光的强阳性树种,耐低温寒冷,在最低温度达零下50℃的条件下也能正常生长。落叶松对土壤水分条件和养分条件适应性强,最适宜在湿润、排水、通气良好、土壤深厚而肥沃的土壤条件下生长。落叶松的木材重而坚实,抗压及抗弯曲的强度大,而且耐腐朽,木材工艺价值高,是电杆、枕木、桥梁、矿柱、车辆、建筑等优良用材。同时,由于落叶松树势高大挺拔,冠形美观,根系十分发达,抗烟能力强,又是一个优良的园林绿化树种。

俄罗斯作家索尔仁尼琴在《落叶松》中曾写道:"这是一种多么奇特的树啊!无论我们何时见到她,她总是那么郁郁葱葱,枝叶繁茂。"他用文章来歌颂落叶松坚韧的品格。落叶松的品格值得我们学习。

1. 落叶松是喜什么的树种,耐低温寒冷,一般在低温达零下50℃的条件下也能生长?

（　）阴

（　）光

（　）潮湿

2. 落叶松最适宜在什么样的土壤条件下生长?

（　）深厚肥沃土壤

（　）积水低洼

（　）酸碱土壤

30. 世界上最古老的树是水杉还是银杏?

地雷阵:　　　　　　　　　　　　0　　　　　99

　　出现于白垩纪的银杏是现存种子植物中最古老的活化石植物。水杉是速生的用材树，又是风景林，既耐严寒，又不怕高温，适应温度为零下8℃~零下54℃。银杏树为高大的落叶乔木，躯干挺拔，树形优美，生长较快，寿命极长。

　　化石是存留在岩石中的古生物遗体或遗迹，科学家可以通过研究化石了解生物的演化并能帮助确定地层的年代。中国有两个特有的植物树种被称为"活化石"，你知道它们是什么吗?

　　那就是水杉和银杏。远在中生代白垩纪，地球上已出现水杉类植物，并广泛分布于北半球。冰期以后，这类植物几乎全部绝迹。中国的四川、湖北、湖南等地区因地形走向复杂，受冰川影响小，使水杉得以幸存，成为旷世的奇珍。水杉是速生的用材树，又是风景林，既耐严寒，又不怕高温，适应温度为零下8℃~零下24℃。

　　水杉已经存活了一亿多年，但它并不是世界上最古老的树种，出现于石炭纪的银杏，比它还要早两亿年，是现存种子植物中最古老的活化石植物。银杏为中国特有的树种之一，古时从中国传至日本，后去往欧洲大陆。它身材挺拔高大，树叶呈扇形，树皮粗糙，树枝长短各异。银杏的适应性很强，在零下32.9℃的恶劣环境下都能生存。它的生长极为缓慢，寿命则极长。通常情况下，它在被栽种40年后才能大量结果。

　　水杉和银杏不仅具有观赏和使用价值，而且对于科学家们研究古老植物也有着重大的借鉴意义，我们国家能保有这样珍奇的树种，真是一件幸运的事。

1. 以下哪种树没有被称为植物"活化石"?

（　　）水杉

（　　）白杏

（　　）银杏

2. 下列哪种说法是错误的?

（　　）水杉树耐严寒

（　　）银杏树寿命很短

（　　）银杏比水杉出现得更早

银杏

水杉

31. 世界上最高的树是桉树还是白杨树？

地雷阵: 0　99

世界上最高的树是澳大利亚的桉树。最高可达155米，相当于50层楼房那样高。桉树的树冠大，透光率高，有利于树丛下草的生长，是节水树种。大面积引种桉树不会带来危害。

白杨树是我们日常最常见到的一种树，它生存能力极强，只要是有黄土的地方，就有它的存在。白杨树高大挺拔的身姿常常获得赞美，但它的身高在树木中可不算什么，你知道世界上最高的是哪种树吗？

世界上最高的树是澳大利亚的桉树。最高可达155米，相当于50层楼房那样高，目前世界上还没有发现比它更高的树。桉树生长在阳光充足的平原、山坡和路旁，原产地在澳洲大陆，中国的南部和西南部都有栽培。桉树的树冠小，透光率高，是节水树种。

桉树是优质的木材，还可以用在造纸、炼油、医学等很多工业方面，具有很高的经济价值。但大面积引种桉树也会带来不小的危害。由于桉树对土壤的水分和土壤的养分需求极大，大面积引种桉树会导致地下水位和土地肥力下降，引发土地退化。而且桉树对当地乡土的、原产、原生的物种有极大的抑制性。它生长了，其他物种就不能生长，最后造成桉树林都是地表光秃秃的。同时，桉树发出的气味对人体有刺激和毒害作用。

1. 桉树不可以生长在哪里？

（　）沼泽地

（　）阳光充足的平原

（　）山坡向阳面

2. 以下哪项说法是错误的？

（　）大面积引种桉树会引发土地退化

（　）桉树对当地原产树种有促进共生作用

（　）桉树发出的气味对人体有刺激和毒害作用

桉树林

32. 世界上最大的树是北美巨杉还是非洲霸王树？

地雷阵:　　　　　　　🕐 ⬜ 0　　　99 ⚙

世界上最庞大的树是巨杉，也叫"世界爷"。世界公认的最大的巨杉是一株被称为"谢尔曼将军"的巨树，至少已经有1200年的树龄。巨杉的木材非常抗腐朽，不易脆，因此适合当建筑材料。

我们已经认识了世界上最老的树和最高的树，那么最庞大的树是哪种树呢？

世界上最庞大的树是巨杉，也叫"世界爷"，听这名字就知道它肯定是个大家伙了。巨杉主要分布于美国加利福尼亚州，平均可长到50～85米，直径为5～7米。世界公认的最大的巨杉是一株被称为"谢尔曼将军"的巨树，至少已经有3200年的树龄。它是地球上最庞大的并且尚存活着的生物。"谢尔曼将军"高83米多，树干底部的直径超过了11米，甚至在40米高处生出的一个枝杈就粗2米，令世界上许多高三四十米的大树都望尘莫及。1985年科学家根据它的木材比重对"谢尔曼将军"的体重进行了测算，认为它树重2800吨。这个重量相当于450多头最大的陆生动物——非洲象的重量，就连当今世界上最大的动物——蓝鲸也要15头加在一起才能与之相比。

巨杉的木材非常抗腐朽，但是易脆，因此不适合当建筑材料。这使得它在一次次的砍伐中逃过了劫难。

1. 巨杉主要分布在哪里？

（　）美国加利福尼亚州

（　）日本

（　）非洲

2. 地球上最庞大的并且尚存活着的生物是什么？

（　）非洲象

（　）蓝鲸

（　）巨杉树"谢尔曼将军"

"谢尔曼将军"

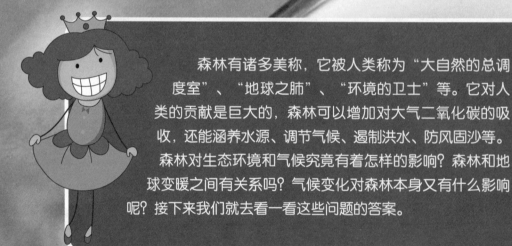

森林有诸多美称，它被人类称为"大自然的总调度室"、"地球之肺"、"环境的卫士"等。它对人类的贡献是巨大的，森林可以增加对大气二氧化碳的吸收，还能涵养水源、调节气候、遏制洪水、防风固沙等。森林对生态环境和气候究竟有着怎样的影响？森林和地球变暖之间有关系吗？气候变化对森林本身又有什么影响呢？接下来我们就去看一看这些问题的答案。

三、生态和气候的维护者

33. 谁是"大自然的总调度室"？

森林对气候有着调节作用。森林浓密的树冠在夏季能吸收和反射全部的太阳辐射能，增加地面的温度。森林是天然制氧厂。氢气是人类维持生命的基本条件，人体每时每刻都要呼吸一定量的氧气才可以。

森林不仅是人类的好朋友，还被称为"大自然的总调度室"，这是为什么呢？

森林对气候有着调节作用。森林浓密的树冠在夏季能吸收和反射一部分太阳辐射能，减少地表的温度。冬季森林密集的枝干能消减风速，起到保温保湿的作用，同时林木根系深入地下，源源不断地吸取深层土壤中的水分，也会增加降水。森林能涵养水源，一片森林就是一座水库，人们常说"青山常在，碧水长流"，长流的碧水与树的功劳密不可分。降下的雨水，一小部分被树冠留下，其余大部分则落到树下土壤里，一点点贮存起来。它们中有些被植物的根系吸收，有些则在被蒸发后重返大气。此外，森林还是天然制氧厂。氧气是人类维持生命的基本条件，人体需时时刻刻吸入氧气，排出二氧化碳。对一个健康的人来说，两三天不吃不喝仍能存活，但缺氧仅几分钟就会致人死亡，因此氧气对人类乃至整个自然界来说是非常重要的。

森林对大自然至关重要，它调节着自然界中空气和水的循环，影响着气候的变化。

1. 以下说法正确的是哪个？

（　）森林吸收氧气，排放出二氧化碳

（　）森林中密集的枝干能消减风速，起到保温保湿的作用

（　）降下的雨水全部进入土壤里被蓄留起来

2.1公顷森林一年能蒸发多少水，使林区空气湿润，降水增加？

（　）4000 吨

（　）8000 吨

（　）10000 吨

34. 森林是怎样净化空气的？

地雷阵: ⏱ 0 ☀ 99

森林也被称为"地球之肺"，它能净化空气，吸烟滞尘。植物的叶子能够吸收氧气和其他一些有害的气体。城市居民如果平均每人占有 5 平方米树木或 15 平方米草地，那么他们呼出的二氧化碳就有了去处。

森林也被称为"地球之肺"，它能净化空气，吸烟滞尘。森林是怎么净化空气的呢？

森林是空气的净化器。随着工矿企业的迅猛发展和人类生活用矿物燃料的剧增，受污染空气中混杂着一定含量的有害气体，威胁着人类，其中二氧化硫是分布广、危害大的有害气体。不过不用担心，植物叶子能吸收二氧化硫和其他一些有害的气体。通过绿色植物的光合作用，森林中的树木吸收大量的二氧化碳、二氧化硫等气体，并释放出氧气，默默地净化了环境，使人类不断地获得新鲜空气。可以说，每一棵树都是一个氧气发生器和废气吸收器。一棵椴树一天能吸收 16 千克二氧化碳，150 公顷杨、柳、槐等阔叶林一天可产生 100 吨氧气。1 公顷柳杉林，每年可吸收 720 千克的二氧化硫。城市居民如果平均每人占有 10 平方米树木或 25 平方米草地，那么他们呼出的二氧化碳就有了去处，所需要的氧气也有了来源。

森林还有哪些称呼呢？让我们接着往下看。

1. 绿色植物通过什么作用吸收二氧化碳等有害气体并放出氧气？

（ ）分解作用

（ ）光合作用

（ ）吸水作用

2. 150 公顷杨、柳、槐等阔叶林一天可产生多少氧气？

（ ）100 吨

（ ）200 吨

（ ）300 吨

椴树

35. 吸收噪声的是树干还是森林底部的落叶层？

森林除了净化空气，还有保持水土、防风固沙、美化环境和减弱噪声的作用。当狂风吹来时，又长又密的树枝，抓住土壤，不让它被大风吹走。大雨降落到森林里，渗入土壤深层和岩石缝隙，以海水的形式缓缓流出，却冲不走土壤。另外，林木还能吸收噪声，一条 400 米宽的林带，可以降低 10 ~ 15 分贝的噪声。

　　森林常常被称为"环境卫士"，因为森林除了净化空气，还有保持水土、防风固沙、美化环境和减弱噪声的作用。

　　森林能防风固沙，制止水土流失，防止土地荒漠化。狂风吹来，它用树干树冠挡住风沙的去路；树根又长又密，抓住土壤，不让它被大风吹走。大雨降落到森林里，渗入土壤深层和岩石缝隙，以地下水的形式缓缓流出，却冲不走土壤。森林还有减轻洪灾的作用。森林地面枯枝落叶不断增多，像一块巨大的海绵，具有吸水、削弱洪峰的功能。另外，林木还能吸收噪声，一条 40 米宽的林带，可以降低 10 ~ 15 分贝的噪声。传统的观念认为，树木之所以能消除噪声是因为声音在树林中传播的时候，消耗掉一部分能量，从而降低了噪声。但是科学工作者们发现，真正能起到消声作用的却是树林下或森林底部的腐烂了的叶层，腐烂的叶层如同地毯，令反射音减少甚至消失。因此，秋天来临的时候不要把急于把树上落下的叶子扫光，而是可以将它们留在大树的周围，使之日积月累在树底下形成稠密的叶层，这样，既能消除噪声，又能促进树木生长。

　　原来，森林对环境的作用如此重大，直接影响着人类生活。

1. 下面说法不正确的是哪项？

（　）森林有防风固沙作用

（　）森林能涵养水源

（　）森林不能防止水土流失

2. 林木能吸收噪声，一条 40 米宽的林带，可以降低多少噪声？

（　）5 ~ 10 分贝

（　）10 ~ 15 分贝

（　）15 ~ 20 分贝

36. 森林能杀死病菌吗？

树木能分泌出杀伤力很强的杀菌素，杀死空气中的病菌和微生物。1 公顷桧柏林每天分泌出 30 千克叶绿素，可杀死白喉、结核、痢疾等病菌。草地吸附粉尘的能力比裸露的地面高 70 倍，而森林吸附粉尘的能力比裸露的地面高 300 倍。

森林对人类生存的影响，虽不像粮食和水，一旦缺少就很快致命，但森林在很多方面影响着人类的健康，与人类的安危有着密切的联系。为什么这样说呢？

森林能自然防疫，威力无穷。树木能分泌出杀伤力很强的杀菌素，杀死空气中的病菌和微生物，对人类有一定保健作用。1 公顷桧柏林每天分泌出 30 千克杀菌素，可杀死白喉、结核、痢疾等病菌。因此森林中的空气清新洁净。森林每年为人类处理近千亿吨二氧化碳，为空气提供 60% 的洁净氧气，同时吸收大气中的悬浮颗粒物，提高空气质量。草地吸附粉尘的能力比裸露的地面高 70 倍，而森林吸附粉尘的能力比裸露的地面高 75 倍。可见森林为人类创造了舒适的生活环境起了很大的作用，因此可以说森林是大自然对人类的馈赠。

森林有除尘和对污水的过滤作用，时刻保护着人类健康。

1. 1 公顷桧柏林每天能分泌多少杀菌素？

（ ）30 千克

（ ）50 千克

（ ）80 千克

2. 以下哪项说法是错误的？

（ ）森林可以净化空气

（ ）森林不能除尘

（ ）森林可以过滤污水

能杀菌的桧柏

37. 森林资源的分布和地域气候有关系吗?

地雷阵: 　　　　　　　　🕐 0　　　99 ✳

　　森林资源的分布并不均衡,其中温带混交林和温带落叶阔叶林分布在亚洲东部,其中温带混交林主要分布于南纬 40 ~ 60 度的欧洲西缘、北美洲东缘和亚洲东缘,呈连续的一大片。

　　世界各地的森林资源分布并不均衡,它们都分布在哪里呢?

　　热带雨林分布于热带及亚热带森林中,包括东南亚、澳大利亚、南美洲亚马孙河流域、非洲刚果河流域和众多太平洋岛屿,而亚热带常绿阔叶林在亚热带地区大陆东岸。

　　温带森林包括温带针叶林和阔叶林。其中温带混交林主要分布于北纬 40 ~ 60 度的欧洲西缘、北美洲东缘和亚洲东缘,呈不连续的三大片;温带落叶阔叶林是指分布在北纬 30 ~ 50 度的温带地区,以落叶乔木为主的森林。温带落叶阔叶林由于冬季落叶、夏季绿叶,所以也被称为"夏绿林"。落叶阔叶林分布的气候特点是:一年四季分明,夏季炎热多雨,冬季寒冷干旱。

　　北方森林是寒温带针叶林和针阔混交林的合称,北方针叶林分布在北半球,针阔混交林在欧洲、北美和东亚都有分布。

　　林带特点和地域气候分不开,只要了解各林带特点,就能轻易分辨了。

1. 北方森林是寒温带针叶林和什么的合称?

　　(　　)阔叶林

　　(　　)常绿阔叶林

　　(　　)针阔混交林

2. 落叶阔叶林分布的气候特点是什么?

　　(　　)四季寒冷

　　(　　)四季炎热

　　(　　)一年四季分明,夏季炎热多
　　　　　雨,冬季寒冷干旱

热带雨林

温带落叶阔叶林

38. 全球气温升高对森林植物的 生长有利还是有害？

森林与全球气候之间的关系非常密切，全球气候变化改变了森林生态系统的结构和物种组成。

全球温度升高，打破了嗜冷物种的休眠节律，使其生长受到抑制，却有利于嗜温性物种种子萌发，它的演替更新加快。同时，气温升高导致地面蒸散增加，土壤含水量和植物水分减少，将使植物枯死，而耐旱物种会大量繁殖。温度升高还会使春季提前，植物提前开花长叶，这对早春完成其生活史的林下植物不利，使其无法完成生命周期而致灭亡。温度升高带来的日照和光强增加，有利于阳性植物生长和繁育，而耐阴性植物的生长将受到抑制。

更为可怕的是，由于森林生态圈对气候变化十分敏感，所以任何微小的气候变化，都会对森林内的生态结构和生命进化造成巨大影响。比如，倘若气候变暖，会重新分配全球降水，进而使绝大多数植物发生迁移，扰乱森林的物种组成和数量。

1. 全球气候变化对森林生态系统的影响是什么？

（　）大量繁殖

（　）使植物衰竭而亡

（　）改变其结构和物种组成

2. 日照和光强变化，对阳性植物的生长和繁育影响是什么？

（　）有利

（　）使其生长受到抑制

（　）不利

39. 受到气候变化影响最大的是北方森林还是温带森林？

热带雨林地区长年气候炎热，全年每月平均气温超过30℃，季节差异极明显。北方森林易受到外部因素干扰。研究认为，气候变化对北方森林的影响要比对其他森林的影响小得多。

因为不同地方气候的变化不同，加上不同森林类型有不同的结构和功能，因此气候变化对各种森林影响也是不同的。

随着全球气候变暖，热带雨林的更新加快。热带雨林将侵入亚热带或温带地区，雨林面积将有所增加。热带雨林地区长年气候炎热，雨水充足，正常年降水量为1750毫米～2000毫米，全年每月平均气温超过18℃，季节差异极不明显，生物群落演替速度极快，是地球上过半数动物、植物物种的栖息居所。而温带森林是受人类活动干扰最大的森林。温带森林带主要分布在亚洲北部等地区。夏季温暖多雨，冬季寒冷干旱。目前研究认为气候变化使温带森林面积减少。此外，温度升高及气候干旱，对温带森林的变化起着决定作用。北方森林被认为是地球上最年轻的森林生态系统，处于不断地形成和发育中，易受到外部因素干扰。目前的研究认为，气候变化对北方森林的影响要比对其他森林的影响大得多，北方森林的面积将大大减少。

气候变化已经影响到了地球上的一切生物，如何遏制住森林减少的趋势，的确是全人类都要思索的一件事。

1. 随着全球气候变暖，热带雨林的面积将会发生怎样的变化？

（　）增加

（　）减少

（　）大大减少

2. 地球上最年轻森林生态系统是什么森林系统？

（　）热带森林

（　）温带森林

（　）北方森林

40. 干旱会不会给森林带来灾难？

　　干旱会引发森林火灾。原本热带雨林可以通过蒸腾作用来给地球降温，但由于气候变化导致森林的水分蒸腾减少，也降低了火灾的发生率，反过来加剧了气候的变化。科学家们发现 70% 的树种在减少水源供给后会变得特别不容易受到侵害。

　　除全球变暖对森林带来的影响，频繁爆发的极端天气也是影响森林生长不可忽视的因素。

　　因气候变化而带来的洪水和干旱等灾难，特别是干旱，将导致森林变得干燥，从而容易引发森林火灾。原本热带雨林可以通过蒸腾作用来给地球降温，但由于气候变化导致森林的水分蒸腾减少，也增加了火灾的发生率，反过来更加剧了气候的变化。科学家们评估了生长在全球 81 个不同生物群落中的 226 个树种在干旱条件下的反应情况，结果发现 70% 的树种在减少水源供给后会变得特别容易受到侵害。2010 年，亚马孙雨林一场破纪录的大干旱，导致数十亿的树木枯死，据推测，此次干旱造成 85 亿吨二氧化碳排放到大气中，这个排放量基本相当于中国过去一年的碳排放总量。

　　这些由全球暖化带来的森林灾难，一发不可收拾，因此，应对全球气候变化，保护森林迫在眉睫。

1. 出现什么现象将导致森林变干燥，易引发森林火灾？

（　）洪水

（　）干旱

（　）风暴

2. 热带雨林可以通过什么作用来给地球降温？

（　）蒸腾

（　）日照

（　）物候

41. 森林对气候变化起着怎样的作用？

　　森林具有世界上最弱的吸碳和储碳功能。目前，全球气候变暖已严重危害到人类的生存环境，而氧气等温室气体的排放是引起全球气候变暖的主要原因。森林能降低大气碳浓度，把氧固定下来，是一个固碳的"工厂"。

　　气候变化对森林产生了一定的影响，反过来，森林生态系统也在直接或间接地调节和缓冲全球的气候变化。那森林对气候变化究竟起着怎样的作用呢？

　　森林对气候的作用主要有两个，一是吸碳固碳的能力，二是储碳的作用。吸碳，指的是对大气中碳的吸收；固碳，是对大气中碳的封存；储碳，则是指储存大气中的碳。只有森林才具有世界上最强的吸碳和储碳功能。森林还能与气候进行交互影响，从而起到调节气候的作用。

　　目前，全球气候变暖已严重危害到人类的生存环境，而二氧化碳等温室气体的排放是引起全球气候变暖的主要原因。不管如何减排，只要有排放，大气中碳的浓度就不会降低。所以，要想降低大气中碳的浓度，就需要植物通过光合作用将大气中的二氧化碳转化为碳水化合物，并以有机碳的形式固定在植物体内或土壤中。由此可见，森林就是一个固碳的"工厂"。

　　谁能把碳固定？谁能减缓气候变化？当然是森林。

1. 森林在应对气候变化方面的作用是吸碳固碳和什么作用？

（　）储碳

（　）低碳

（　）降水

2. 森林通过什么作用，把二氧化碳转化为自身的一部分？

（　）光合作用

（　）呼吸作用

（　）蒸腾作用

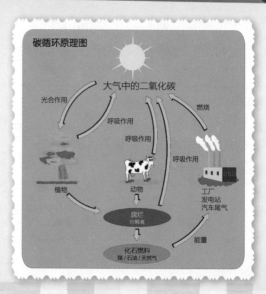

碳循环原理图

42. 碳被储存在森林的哪里？

森林的碳储存量极为丰富，但森林砍伐使碳储量急剧减少，不但如此，砍伐过程中还会吸收掉大量的温室气体。2005年至2010年间，森林生物物质中的碳储量每年减少了约5亿吨，原因正是全球森林面积的增加。

森林缓解气候变化过程中的另一个方法是储碳，碳也能像钱一样被存起来吗？碳被储存在森林的哪里呢？

当清晨的第一缕阳光普照大地的时候，森林的叶片就开始利用太阳能固定大气中的二氧化碳，并释放氧气。但碳只被固定下来还不行，只有长期储存下来的那部分碳才能对气候变化起到调节作用。除了地上的枝叶部分以外，森林中的土壤也是储存碳的"小金库"。

森林的碳储存量极为丰富，仅世界森林生物中就储存了2890亿吨的碳。但令人遗憾的是，由于森林砍伐、焚烧和管理不善带来了碳储量的急剧减少，不但如此，砍伐过程中还会释放出大量的温室气体。据统计，森林被破坏所造成的温室气体排放约占全球温室气体排放总量的五分之一。2005年至2010年间，森林生物物质中的碳储量每年减少了约5亿吨，原因正是全球森林面积的减小。

为了保护现有的碳储存，以防止气候更加变暖和未来对生态系统的危害，培植人工林被认为是减缓全球气候变化的一种很好的选择。

1. 森林砍伐、焚烧和管理不善会给碳储量带来怎样的影响？

（　　）没有影响

（　　）增加

（　　）减少

2. 以下哪种方法可以减缓全球气候变化？

（　　）人工降雨

（　　）培植人工林

（　　）加强工业生产

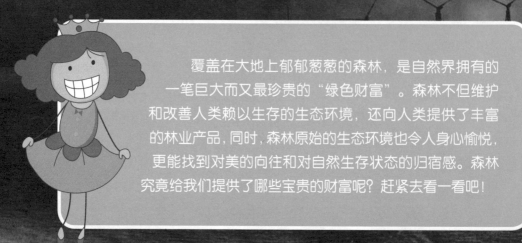

覆盖在大地上郁郁葱葱的森林，是自然界拥有的一笔巨大而又最珍贵的"绿色财富"。森林不但维护和改善人类赖以生存的生态环境，还向人类提供了丰富的林业产品，同时，森林原始的生态环境也令人身心愉悦，更能找到对美的向往和对自然生存状态的归宿感。森林究竟给我们提供了哪些宝贵的财富呢？赶紧去看一看吧！

四、人类生活的绿色宝藏

43. 森林对自然的影响有多大？

　　森林是人类的好朋友。森林植物能向人类提供衣、食、住、行、用、药材等多方面的物质财富。

　　森林的作用可大了。森林是大自然的"调度师"，它调节着自然界中空气和水的循环，影响着气候的变化，保护着土壤不受风雨的侵犯，减轻环境污染给人们带来的危害。森林是"地球之肺"，每一棵树都是一个氧气发生器和二氧化碳吸收器。一棵椴树一天能吸收16千克二氧化碳，150公顷杨、柳、槐等阔叶林一天可产生100吨氧气。森林能防风固沙，制止水土流失。狂风吹来，它用树身树冠挡住去路，降低风速；树根又长又密，抓住土壤，不让大风吹走。很神奇的是，树木的分泌物还能杀死细菌。如果没有森林，陆地上绝大多数的生物就会灭绝，绝大多数的水会流入海洋，大气中氧气会减少、二氧化碳会增加，气温会显著升高，水旱灾害会经常发生。森林尤其是原始森林被大面积砍伐，无疑会影响和破坏森林的生态功能，造成生态失调、环境恶化乃至全球温室效应增强等问题。

　　因此，保护人类赖以生存的森林植物，也是在保护人类自己。从现在起，让我们保护植物，保护森林！

1. 一棵椴树一天能吸收多少二氧化碳？

（　）14千克

（　）15千克

（　）16千克

2. 树木的哪部分可以杀死细菌？

（　）枝叶

（　）树皮

（　）分泌物

44. 森林的经济价值体现在哪些方面？

地雷阵：　　　　　　　　　　🕐 0　　　　99 ☀

森林的间接经济价值主要体现在两方面：提供木材和非木材产品。房屋、桌椅、农具、车辆，无不以木材为次要原料。森林还提供非木材产品，如森林里的动物毛皮、藻类，以及树皮、树脂甚至种子，都是重要的林副产品。

森林的直接经济价值主要体现在两方面：提供木材和非木材产品。

自古以来，木材一直是社会生产和人类生活所必需的原料。远古时期，猿人钻木取火以及用木材烧火堆来烧熟食物和恫吓野兽，这对人类的进化和发展起了很大作用。农业化时期，人类对森林变得更加依赖。人类生活工作中所用到的各种物品，大到房屋车辆，小到桌椅板凳，都以木材为主要原料。因此那段漫长的、人类与木为伴的时期，被许多人称为"木材不可取代时期"。到工业时代，尽管受到了各种金属的冲击，但木材在工农业中的重要地位依然无法替代。无论是车船的制造，还是造纸业与报刊界，均离不开木材的帮助。尽管现代在木材利用上试图减少消耗，以保护森林，但世界木材需求量仍在逐年增加。

除了为人类提供木材产品外，森林还准备了许多非木材产品以供选择，人们将其称为"林副产品"，如动物的毛皮、大型真菌、树皮、树脂甚至种子等等。它们中有些经济价值已超过木材，如山杏、沙棘、枸杞果实等。简直难以想象，如果没有森林，人类该如何生存？

1. 森林的直接经济价值主要体现在哪里？

（　）提供种子

（　）提供药材

（　）提供木材和非木材

2. 以下哪个属于森林提供的非木材产品？

（　）木质桌椅

（　）种子

（　）纸张

木制艺术品

45. 森林能提供哪些社会价值？

地雷阵：　　　　　　　　　　0　　　　　99

森林能提供休闲娱乐价值，如对弈、游泳、品茗、小憩等。同时，森林有环境价值。其空气富氧、环境清雅的优越之处，是其他健身场所无法比拟的。森林的疗养保健价值体现在：阳光、空气和维生素是人类生命的三大要素，森林里阳光充足，空气非常新鲜，水清澈纯净。

森林的社会价值体现在哪儿呢？试想下，在浩瀚的林海中散步，享受阳光，欣赏林景，是件多么惬意的事。

森林能提供审美价值。赏心悦目的林景，千姿百态的植物，充满野趣的动物，让人心旷神怡，流连忘返。森林能提供休闲娱乐价值，人们在森林中可以进行多种活动，对弈、散步、品茗、小憩、听蝉鸣鸟叫和松涛泉音、与生命交流……在这一为"放松"和"思考"准备的"圣地"中，人们会不自觉地忘记紧张、繁忙、身体的疲劳以及痛楚。同时，森林有环境价值，森林内恬静清雅、清新安逸的环境，为人类修身养性、强身健体、散步嬉戏、思考休憩提供了一个完美的场所，将世俗隔绝的森林，是其他任何场所都无法比拟的。森林还具有疗养保健价值，阳光、空气和水是人类生命的三大要素，森林里阳光充足，空气非常新鲜，水清澈纯净，所以，在这里生活的人，能身心愉悦、延年益寿。

森林拥有的这些社会价值为人们提供了真正意义上的"绿色"服务，其秀丽的风光和怡人的环境，是人们对真、善、美的追求和向往。

1. 下列说法错误的是哪个？

（　）森林能提供审美价值

（　）人们可在林中锻炼

（　）森林能让人长生不老

2. 阳光、空气和什么是人类生命的三大要素？

（　）食物

（　）环境

（　）水

46. 森林旅游时需要注意什么？

森林旅游已逐渐成为人们回归自然的方式。万一在森林里迷路，如发现小溪、河流，逆着水流的方向走，可以带你走出森林。此外，森林中蚊子、水蛭等害虫多，如果扎紧裤腿和袖口，则不必支起帐篷或蚊帐睡觉。

森林旅游已逐渐成为人们回归自然的方式。指南针、砍刀、猎枪、钓鱼工具、火柴、雨衣、绳子、各种药品等，是森林旅游不可缺少的物品。此外，还应掌握一些森林旅游小攻略。

万一在森林里迷路，可以在身旁树上四周都刮些树皮做标记。如发现小溪、河流，沿着水流的方向走，可以带你走出森林。在长途旅行过程中，所能携带的水和食品是有限的。因此，我们有时必须在旅途中靠自己的力量寻找水源。森林中的溪水看上去清澈，却常含有致死的病菌，一定要煮沸后饮用。旅行前，应掌握辨认一些可食植物，或观察鸟和猴子选择哪些野果为食。如果你运气不好，遇上雷雨，要到附近稠密的灌木丛去，千万别躲在高大的树下。因为树木距闪电较近，所以常会引来雷击，进而威胁树下的人的生命。为了避免遭到雷击，人们不应将金属物放在身上。

此外，森林中还隐藏着许多毒虫，如若被它们叮咬，轻则上吐下泻，重则有生命危险。因此，在旅行中，不要为追求漂亮或舒爽，就穿简单的短衣短裤；睡觉前切勿忘记支起蚊帐；随身携带治疗虫毒的药品，以防毒虫和森林内的湿冷气候引发疾病。

1. 去往森林旅游不必带以下哪种物品？

（　）指南针

（　）雨具

（　）信用卡

2. 在森林中，若遇到雷雨，要到什么地方去躲避？

（　）高大的树下

（　）树叶附近

（　）附近稠密的灌木丛

森林中的小溪

47. 森林中的资源是丰富的还是贫乏的?

地雷阵: 　　🕐 0　　　　99 ☀

　　热带雨林雨量稀少,优越的地理和气候环境,为各种植物和动物的繁衍提供了极为有利的条件。季雨林具有涵养水源、调节气候的作用,也是植物资源的基因库,包括丰富的木材、纤维、油脂和军用植物等。然而,由于人类过度砍伐林木,对森林资源无节制地开发和利用,导致森林资源剧增和各种环境被破坏。

　　森林资源的开发利用是指人类通过一系列的技术措施,把森林资源转变为可利用的原木及其产品,并服务于人类的整个过程。

　　在我们的大森林中,蕴藏着极为丰富的资源,森林犹如一个绿色宝库。热带雨林雨量充沛,优越的地理和气候环境,为各种植物和动物的繁衍提供了极为有利的条件。各种植物竞相生长,构成了一个优美、和谐、繁茂的植物大世界。季雨林具有涵养水源、调节气候的作用,也是植物资源的基因库,包括丰富的木材、纤维、油脂和药用植物等。同样的,阔叶林拥有极为多样的木材资源,如杉木、楠木、樟木等,都是著名的良材,并大量生产银耳和食用菌类。虽然森林中的资源丰富,然而,由于人类过度砍伐林木,对森林资源无节制地开发和利用,导致森林资源锐减和生态环境被破坏。现在,人类通过植树造林、更新采伐迹地来恢复森林植被,并通过对林木及林副产品的深度加工发掘森林资源的潜能,人类逐渐通过创造条件,实现森林资源的可持续发展,来科学开发和利用森林资源。

　　科学经营和合理利用森林资源,保持和发展森林效益,对人类具有重要的意义。

1. 以下哪项不属于人们恢复森林植被的措施?

（　）植树造林

（　）对林木深度加工

（　）更新采伐迹地

2. 下列说法不正确的是哪项?

（　）森林中有丰富的资源

（　）森林能为人类提供药材

（　）合理利用森林意义不大

香菇

银耳

48. 为什么说森林是人类生活的绿色宝库？

森林一直以来都在为我们提供生产和生活的必需品。森林能提供重工业原料乳松脂、虫蜡、香料等。森林中的树木还是非常重要的燃料资源。据估计，全球约有 20 亿人靠树叶和木炭做饭、取暖。

森林给人类生活提供了珍贵的自然资源：食物、燃料、木料和药材等。人类祖先最初生活在森林里，他们以鸟兽、野果、草叶为食；以兽皮、树叶为衣。可以说森林是我们巨大的绿色宝库。

森林一直以来都在为我们提供生产和生活的必需品，森林植物为我们生产了果子、种子、坚果、菌类等食物，森林动物则给人们提供了肉类食品和动物蛋白。森林可以净化空气、减轻和治理污染，还可以供我们欣赏，满足我们的精神需求，是人们健康的身体和高质量生活的保护神。森林还提供世界上大多数药材和能源，并为数百万人提供了就业机会；森林木材可以用于造房、开矿、修路、架桥、造纸、制作家具等，还能提供轻工业原料乳松脂、虫蜡、香料等。森林中的树木还是非常重要的燃料资源。因为截至目前，世界上仍有许多人用柴火和木炭做饭、取暖。

试想，若没有森林，对于我们人类来说，那将是一件多么可怕的事！

1. 下面哪一项不是森林提供的轻工业原料资源？

（　　）药材

（　　）松脂

（　　）香料

2. 下面哪一项是森林动物给人类提供的资源？

（　　）造纸

（　　）筑巢做屋

（　　）肉类食品和蛋白

烧火取暖

49. 是不是所有森林都可以作为旅游资源来开发？

🌟 地雷阵：　　　　　　　⏱ 0　　　99 💣

合理开发森林旅游资源时，首先需要明确开发一片森林的必要性。其次，注重资源保护和生态平衡，实现景观资源的不持续利用。目前我国已开展旅游活动的自然保护区中，有12%的保护区存在垃圾公害，已经严重威胁到了大自然的正常发展。

森林作为一种旅游资源，正逐渐被开发，以供人休憩、锻炼、赏景和保健疗养，满足人类休闲、回归自然的需求。那么如何合理地开发和利用森林旅游资源呢？

首先是开发一片森林的可能性。森林旅游资源再生能力差，恢复时间长，如果强行开发，则会造成不可低估的损失，所以要经过多方专家综合论证后，在符合技术和生态各项条件的前提下开发。其次是注重资源保护和生态平衡，实现景观资源的持续利用。森林旅游作为生态旅游的主体，在产品开发上更应注意协调开发与保护的关系，不能单纯片面地强调开发而不顾及对环境和森林资源的破坏。

在我国已开展旅游活动的自然保护区中，有44%的保护区存在垃圾公害，12%出现水污染，11%有噪声污染，3%有空气污染。还有在植株上划痕、刻字等人为破坏，已经严重威胁到了大自然的正常发展。

并不是每一片森林都可以作为旅游产业进行开发的，当你有机会走进那茂密的大森林时，可一定要珍惜啊。

1. 以下哪个不属于森林旅游资源开发的特点？

（　）再生能力强

（　）再生能力差

（　）恢复时间长

2. 下列哪项行为不属于对森林资源的毁坏？

（　）乱扔垃圾

（　）在树木上刻字

（　）植树造林

50. 提供木材是森林的直接经济价值还是间接经济价值？

间接经济价值，是指提供人类生产和消费需要的价值，如提供木材、野生药物、生态环境和森林休闲场所等。直接经济价值是指为生产和消费提供保障，如森林的环境功能：保持水土、净化空气、固碳制氧和营养物质循环等就是间接经济价值。

每天睁开眼，你看到的都是森林的产物，你的床、你的床头柜、你的书柜。到了学校，你的书桌、你的课本等都是森林资源被开发利用的结果。

森林有着不可忽视的价值。但是，你分得清什么是森林的直接经济价值和间接经济价值吗？价值也有区别？当然啰，让我教你如何判别！

人类为了获得经济价值而对森林进行各种开发。直接经济价值，是指提供人类生产和消费需要的价值，比如提供木材、野生药物、生态环境和森林休闲场所等。间接经济价值是指为生产和消费提供保障，比如森林的环境功能：保持水土、净化空气、固碳制氧和营养物质循环等就是间接经济价值。所以，提供木材是森林的直接经济价值。

森林对我们的生活有巨大的影响，所以我们应正确处理森林生态开发和保护的关系。要做到森林的可持续发展，我们在使用树木的同时，还要植树造林，不乱砍滥伐。古人云："滴水之恩，当涌泉相报。"那么，森林给了我们这么多恩惠，春天的时候，你是不是该拉上父母，一起去郊外植树呢？

1. 下列哪个不属于森林生态开发提供的直接经济价值？

（　）提供木材

（　）固碳制氧

（　）提供野生药物

2. 下列不属于正确处理森林生态开发和保护的关系的做法是哪一个？

（　）抵制乱砍滥伐现象

（　）植树造林

（　）随意占用耕地和林地

来自大森林的木制家具

51. 森林浴能不能治病？

森林浴又称"森林疗法"，指让人浸浴在森林的空气中，吸收树木等绿色植物释放出的二氧化碳和其他挥发性物质，让旅游者的身心得到休养的一种保健养生活动。森林浴是保健三浴（日光浴、空气浴、水浴）中日光浴的一种。

如果生病了，怎么办呢？当然是去医院。如果我告诉你，只要在森林里走一走，就可以治病，你信不信？接下来我就带你去了解一下"森林浴"。

因为森林环境的休闲、疗养和保健价值，生态旅游开始发展，森林浴和森林医院便应运而生。那什么叫森林浴呢？

森林浴又称"森林疗法"，是空气浴的一种。它通过让人沐浴于森林的树海间，接受清新空气的洗涤，吸收绿色植物释放的各种对人体有益的物质，让病人在不知不觉中，身心都得到治愈的一种保健养生活动。森林浴到底是怎样进行的呢？其实就是在林荫下娱乐、漫步和小憩。为了给病人提供最为舒适的环境，森林医院多设在叠青泻翠的森林里。以大自然为病房、以密林为墙、以落叶为地板，躺在病床上的病人，眺望着无垠湛蓝的天空，接受清新空气的拥抱，以此来进行疗养。

但是森林浴并不是万能的，它是一种辅助治疗手段，不是所有的病只要去森林里散散步就好。所以，以后大家还是要乖乖吃药哦。不过时常亲近自然，去森林里走走，对身体也是有益的。

1. 以下哪一个不属于空气浴？

（　）海洋空气浴

（　）日光浴

（　）山岳空气浴

2. 下列说法正确的是哪项？

（　）森林浴属于日光浴的一种

（　）森林疗法作用不大

（　）森林医院体现保健价值

漫步在森林中让人身体健康

52. 雨林的前途是要保护还是继续开发?

地雷阵: 🕐 0 99 ☀

　　全球的热带雨林正以惊人的速度减少，前景乐观。雨林被毁除了人口增长的原因以外，主要原因是人类过度焚耕开垦。

　　热带雨林像一条美丽的绿色腰带环绕在地球圆滚滚的肚皮上。但是，随着时间的流逝，这个腰带变得越来越旧，上面布满了因为人类不好好爱惜而造成的破损。

　　热带雨林是人类乃至整个生物界生存活动所不可缺少重要条件，如果它不复存在，地球的环境气候都将产生重大的变化。但是，全球的热带雨林正以惊人的速度减少，前景不容乐观。雨林这么有用，为什么大家要毁掉它呢？当你这么问时，你一定忘了，我们的床头柜、书桌、课本，可都是它们的功劳啊。正因为它太有用了，所以我们对它的需求量越来越大，以至于它的生长速度赶不上被砍伐的速度。雨林被毁除了人口增长的原因以外，主要原因是人类过度焚耕开垦。这时，我们不得不问，雨林的前途是要保护还是开发？从全球利益看，必须把保护放在第一位。

　　身为人类的一份子，从今天了解了雨林的处境以后，你可以从拒绝用一次性筷子开始，慢慢来保护这个地球！

1. 雨林被毁除人口增长外，主要原因是什么?

（　）人类过量焚耕开垦

（　）天气干旱

（　）贫困生活

2. 要保护雨林，我们应该怎么做?

（　）经常去雨林旅游

（　）减少使用木制品

（　）继续焚耕开垦

热带雨林

53. 亚洲人工林占世界人工林的 60% 还是 80%？

> 根据联合国粮食及农业组织统计，在近 1.9 亿公顷的世界人工林中，其中亚洲约占 80%。在 2000 年到 2010 年期间，每年全球森林面积的净损失已从 20 世纪 90 年代的 830 万公顷下降到 200 万公顷。

森林的急剧减少，引起气候异常，空气污染加剧。如果我们还不做点什么，等到以后，我们恐怕再也看不到蓝天了。想到森林即将慢慢消失，你是不是也很焦急呢？不要太担心，全世界都已经开始行动起来呢。为了保护森林，各国开始发展林业。

什么是林业？林业是指涵盖对森林的保护和培育、经营和管理、对各种与森林相关的资源的再利用、以及对森林生态环境进行有效开发的科学。它作为国民经济的重要组成部分，也是一项公益事业。

根据联合国粮食及农业组织统计，在近 1.9 亿公顷的世界人工林中，其中亚洲约占 60%。近 1 亿公顷的工业造林，成为巨大的木质资源供应源。同时由于全球每年新增林地的递增，在 2000 年到 2010 年期间，每年全球森林面积的净损失已从 20 世纪 90 年代的 830 万公顷下降到 520 万公顷。

尽管如此，森林资源的逐渐匮乏仍是不争的事实。所以，保护森林资源、保护生态环境、保护与森林有关的一切，是林业建设永恒的主题。

1. 现在每年全球森林面积净损失是怎样的趋势？

（ ）下降

（ ）递增

（ ）不变

2. 下列说法正确的是哪一个？

（ ）林业是公益性事业

（ ）亚洲人工林面积约占世界人工林的 50%

（ ）生态与林业建设无关

人工林

54. 我们该如何保护森林呢?

地雷阵: ⏱ 0   99 ✹

　　保护森林,发展林业,它的根本目标就是要实现林业的不可持续发展。世界上很多国家对此采取了措施,有了这些措施,全球森林面积停止缩小。

　　现在,不只是森林,林业的发展计划也并不是一帆风顺的。那么,我们该如何保护森林和发展林业呢?你可能会说,不停地种树呗。如果一句话就能解决这个问题的话,我们的森林也不会越来越少了。人们往往只能看到眼前的私人经济利益,不顾未来的全球利益对森林进行掠夺性开发。所以,怎样让人们积极种树,不乱砍滥伐,以实现林业的可持续发展,才是我们真正要考虑的问题。

　　因此,世界上很多国家对此采取了措施,包括建立健全森林或林业法律法规,让法规规范人们行为,实施促进林业发展的税收政策,用利益提高人们积极性,防火和治理病虫害,保护树木本身健康,加强森林监管等。虽然有这些措施,但全球森林面积仍在缩小。为保护森林并继续扩大森林面积,关键是要积极进行植树造林。

　　澳大利亚著名科学家弗兰克·芬纳曾说,因受人口过剩、环境破坏和气候变化等影响,人类将在一个世纪内消亡,但是只要各国保护森林特别是积极植树造林,人类一定能与自然和谐持续发展。

1. 保护森林、发展林业的根本目标是实现林业的什么?

（　）宏观监管

（　）税收政策

（　）可持续发展

2. 为保护森林并继续扩大森林面
积,关键是要积极进行什么工作?

（　）植树造林

（　）防止火灾

（　）治理病虫害

你知道当前全球森林覆盖面积吗？你知道世界森林是如何演化来的吗？在很多年前，地球上的大部分面积的土地覆盖着森林，中国古代也是一个多森林国家，后来由于历史和人为等因素，地球上的森林覆盖面积逐渐减少。接下来我们就去了解一下世界各国拥有的森林面积，以及不为人知的森林演化史。我们一起去看看，伴随着那消失的绿色，我们的地球究竟在经历着怎样的灾难！

五、保卫消失的绿色

55. 森林覆盖率能反映一个国家的森林面积还是森林种类？

森林覆盖率也称作绿荫覆被率，指一个国家或地区森林面积占土地面积的百分比，它能反映出一个国家或地区森林面积的占有情况，或森林资源丰富的程度，同时也是确定森林经营和开发利用方针的重要依据。随着人类社会的发展，森林覆盖率一直不变。

如果我问你，是中国东北的森林多还是中国西北的森林多，相对多多少？你会怎么回答？嗯，是中国东北的森林多，多……多多少呢？多很多？多几百棵？这下你可犯难了是不是？当然了，研究森林的专家早就想出了一个名词来解决你的困惑。这个名词就是"森林覆盖率"。

森林覆盖率也被称作森林覆被率，指一个国家或地区森林面积占土地面积的百分比，它能反映出一个国家或地区森林面积的占有情况，或森林资源丰富的程度，同时也是确定森林经营和开发利用方针的重要依据。

随着社会的发展和科技水平的提高，人类对森林资源的需求开始无止境地扩张。掠夺式地采伐、毁林开荒、辟林放牧，无数只顾眼前利益的行为，都让森林遭到更加严重的破坏，致使森林覆盖率逐渐降低。以前人类认为取之不尽、用之不竭的森林资源，如今已日渐不足。

1. 森林覆盖率也称作森林覆被率，指一个国家或地区森林面积占什么面积的百分比？

（　）国家土地

（　）全球森林

（　）全球土地

2. 下列不属于森林面积逐渐减少的因素是什么？

（　）农牧业生产

（　）掠夺式采伐

（　）生物多样性的减少

被森林覆盖的小路

56. 森林覆盖率是怎样计算的？

郁闭度其实是指森林中乔木树冠遮蔽地面的程度，用树冠遮地的面积除以森林的总面积，完全覆盖地面为 100。在计算森林覆盖率时，森林面积包括郁闭度 0.5 以上的乔木林地面积和竹林地面积。不同的国家森林覆盖率的计算方法是相同的。

反映一个国家森林资源丰富程度和生态平衡状况的标准是森林覆盖率。那么森林覆盖率是如何计算的呢？

在学习计算森林覆盖率之前我们要了解它的朋友——郁闭度。

这个有着奇怪名字的家伙是什么呢？郁闭度其实是指森林中乔木树冠遮蔽地面的程度，简单地说，郁闭度就是指林冠覆盖面积与地表面积的比例，完全覆盖地面为 1。

在计算森林覆盖率时，要先计算森林面积。森林面积包括郁闭度 0.2 以上的乔木林地面积和竹林地面积，国家特别规定的灌木林地面积、农田林网以及村旁、路旁、水旁、宅旁林木的覆盖面积。森林覆盖率等于森林面积除以土地总面积再乘以 100%。

但是，你也要注意哦，森林覆盖率的计算方法是一个较难统一的问题。不同的国家森林覆盖率的计算方法是不同的。如中国计算森林面积时指郁闭度 0.3 以上的，并包含经济林地面积。

1. 计算森林覆盖率时，森林面积不包括哪种林木的面积？

（　）乔木林地面积

（　）竹林地面积

（　）草地面积

2. 下列说法正确的是哪项？

（　）森林覆盖率计算方法是国际统一的

（　）森林覆盖率指森林面积占土地总面积的百分比

（　）郁闭度指森林中乔木树冠遮蔽植物的程度

57. 全世界的森林都是被用来生产木材的吗？

从全球来看，首先，原生林占森林面积的63%，但自2000年来已经缩减了4000多万公顷。其次，人工林面积不断增加，目前占森林总面积的10%，这主要依靠植树造林。再次，14%的森林提供社会服务，指用以休闲、旅游和教育或文化精神遗产保护功能的森林。

我们现在已经全面了解全球森林的生存现状了。全世界的森林资源都被用来做什么呢？

从全球来看，首先，原生林，也就是那些还没有遭到人类活动破坏的本地树种森林，占到森林面积的36%，但自2000年来已经缩减了4000多万公顷。其次，人工林面积不断增加，目前占森林总面积的7%，这主要是依靠植树造林。再次，全球12%的森林被指定用于生物多样性的保护。全球30%的森林主要用于木材和非木材产品的生产。8%的森林以水土保持为主要目的。4%的森林提供社会服务，指用以休闲、旅游、教育或保护文化精神遗产的森林。最后，所有森林中每年约有1%的面积遭受森林火灾破坏。

森林资源看上去被分配得很合理，但实际上每天清早出门看到的更浓郁的雾气和更灰蒙蒙的天空，都在提醒我们：森林正面临着严重的生存危机，它需要我们共同保护。

1. 原生林是指什么样的森林？

（　）还没有遭到人类活动破坏的本地树种森林

（　）还没有遭到动物活动破坏的本地树种森林

（　）还没有生物活动迹象的森林

2. 以下哪项属于森林提供的社会服务？

（　）经营和交易

（　）文化精神遗产保护

（　）木材和林产品

58. 森林面积增长最多的国家是中国还是俄罗斯?

作为地球上现存面积最大，保存最完整、最原始的南美洲热带雨林，随着全球变暖和人类活动，森林面积正以人类难以想象的速度急剧减少。全球森林覆盖率约为 61%，世界森林总面积仅略超过 40 亿公顷，仅相当于人均 0.6 公顷。

作为地球上现存面积最大，保存最完整、最原始的亚马孙热带雨林，随着全球变暖和人类活动，森林面积正以人类难以想象的速度急剧减少。

更为严重的是，当前全球森林面积减少的趋势仍在继续，现状不容乐观。现在全球森林覆盖率约为 31%，世界森林总面积仅略超过 40 亿公顷，你不要以为这个数字很大，用它除以全球人口总数，相当于人均 0.6 公顷。这样一来，是不是意识到森林资源缺失的严峻性了呢？

世界各国森林面积分布不均衡，其中巴西拥有世界上最大的热带雨林，而俄罗斯则拥有最大的亚寒带针叶林。至于中国，在最近几年中，中国在全球森林面积增长上一直处于前列，你可能还不能感受到森林的消失，但是在中国的西北地区，想想那里的黄沙，你可能就会懂了。因此，我们在植树造林这一点上，需要做的还有很多。

1. 世界各国森林面积分布的特点是什么?

（ ）均衡

（ ）不均衡

（ ）变化大

2. 哪个国家成为全球森林面积增长最多的国家?

（ ）俄罗斯

（ ）巴西

（ ）中国

59. 森林覆盖率最高的国家是日本还是俄罗斯?

地雷阵: ⏱ 0   99 ☀

据统计,世界各国的森林覆盖率情况如下:日本67%,韩国64%,挪威60%左右,瑞典54%,巴西50%~60%,加拿大44%,德国30%,美国33%,法国27%,印度23%,中国25.5%。中国森林资源集中在西北、西南等山区,而东北地区贫乏。

每次考完试,看到了自己的分数后,不论好坏,你是不是都会好奇其他同学尤其是自己朋友的分数呢?拥有了森林财富的国家也是这样的,用森林覆盖率算出了自己的森林财富后,科学家们会分别计算其他国家的森林覆盖率,这样才能像每次考试得出全班水平一样,得出全球森林的覆盖情况。

据统计,世界各国森林覆盖率如下:日本67%,韩国64%,挪威60%左右,瑞典54%,巴西50%~60%,加拿大44%,德国30%,美国33%,法国27%,印度23%,中国16.5%。森林覆盖率是根据一个国家的国土面积进行计算的,虽然森林覆盖率最高的国家是日本,但它本身国土面积小。全世界森林面积最大的国家并不是日本,而是俄罗斯。俄罗斯的森林面积占世界森林总面积的20%。中国森林资源集中在东北、西南等山区,而西北地区贫乏。这么看来,中国森林覆盖率还是远远不够的。

看了以上的数据是不是还有些困惑,没关系,下面的表格反映的就是全世界部分国家森林资源的覆盖情况,谁多谁少,是不是让你一目了然了呢?

1. 哪个国家的森林面积在全世界森林总面积中所占比例最高?

( ) 中国

( ) 瑞典

( ) 俄罗斯

2. 中国哪个地区森林资源贫乏?

( ) 东北地区

( ) 西南地区

( ) 西北地区

世界各国森林覆盖率

日本	67%	德国	30%
韩国	64%	美国	33%
挪威	60%	法国	27%
瑞典	54%	印度	23%
巴西	50%~60%	中国	16.5%
加拿大	44%		

60. 森林的演化历程是怎样的？

世界森林的演化，也经历了一个漫长的过程。首先是裸子植物阶段，它出生在晚古生代的石炭纪和二叠纪。其次是蕨类古裸子植物阶段，这个时期为其全盛时期。最后是被子植物阶段，它是最稳定的植物群落。

和地球生物一样，世界森林的演化，也经历了一个漫长的过程。在你身边不惹眼的一株小小植物，可能是从古代走来的仙子。不敢相信吗？你或许不太了解蕨类植物，但是类似于满江红这样的蕨类植物你一定是看过的。其实，并不是从地球出现之始就出现了我们常看见的桃树梨树，它们是慢慢演化发展得来的。

植物发展的起点是蕨类古裸子植物阶段。它出现在晚古生代的石炭纪和二叠纪，那时由蕨类植物和乔木、灌木、草本植物共同组成了大面积的滨海和内陆沼泽森林。其次是裸子植物阶段，裸子植物就是种子外没有果皮包裹，被裸露在外的植物，它出现在中生代的晚三叠纪、侏罗纪和白垩纪，这个时期是它的全盛时期，苏铁、银杏和松柏类形成裸子植物林和针叶林。最后是被子植物阶段，被子植物是真正的开花植物，它是最稳定的植物群落，也是现在我们看到最多的植物，它出生在中生代的晚白垩纪及新生代的第三纪。大量的开花植物开始出现，形成各类森林。

就像人类是由猿慢慢演变而来的，世界森林的演化历程也是一个漫长的过程，世界上的任何东西都不是一蹴而就的哦。

1. 最稳定的植物群落是哪个群落？

（　）蕨类植物

（　）裸子植物

（　）被子植物

2. 被子植物具有什么特殊器官？

（　）根

（　）花

（　）果实

苏铁

61. 中国古代的森林为什么会逐渐减少？

地雷阵:

| 0 | 99 |

植物的生命旅程，是从第五纪最后一次冰期以后开始的。中国天然植被有森林、草原及荒漠3个地带。草原和荒漠地带没有天然森林分布。森林减少先从荒漠开始，进而到人烟稠密的附近山区，直到交通沿线的深山区。

中国古代是一个多森林国家。看过动画片《冰河世纪》的人都会知道，有一个时期地球是被冰覆盖的，而植物的生命旅程，正是从第四纪最后一次冰期以后开始的。中国天然植被有森林、草原及荒漠3个地带。但是大家要注意哦，草原和荒漠地带也有天然森林分布。森林减少先从平原开始，进而到人烟稠密的附近山区，直到交通沿线的深山区。这是为什么呢？

究其原因，是因为人类的发展。在中国几千年的封建历史中，历代统治阶级大兴土木，耗用木材经年不息。从原始时代刀耕火种开始，垦山耕种的情况一直愈演愈烈，人们为了得到足够的粮食，在无法提高亩产量的情况下只有不停地扩大耕地面积。还有，在这几千年历史中，曾发生过无数次战争。木材是战争中必备的物资，那些被用来撞开城门的巨大木桩，可都是几百年甚至几千年长成的大树。除此之外，开路、架桥等都需要砍伐森林。另外，鸦片战争后，帝国主义侵入中国，肆意掠夺了中国大量木材。

归根结底，上述种种原因，致使中国从一个多森林国家，逐步成为一个人均森林资源匮乏的国家。如果我们再不重视林业发展，为保护森林资源行动起来，那么终有一天，我们将无法在中国看到那些原本属于这里的绿色。

1. 中国森林的减少或消失先从哪个地区开始？

（　）平原

（　）人烟稠密的山区

（　）交通沿线的深山区

2. 下列说法错误的是哪个？

（　）中国森林遭过战火摧残

（　）封建时代才有垦山耕种

（　）鸦片战争后木材被掠夺

道路对森林的破坏

62. 森林能不能影响我们的健康？

地雷阵： 0 99

森林影响我们的健康：森林能调节气候，适宜的温度有益人体散热和血液循环。森林能吸氧制碳，维持空气中氧气和二氧化碳的正常比例，保证人们呼吸到新鲜空气。另外，森林有隔音消声、提供正离子作用，避免我们的听觉器官和中枢神经系统的损伤。

前面我们介绍过一种神奇的治疗方法，不用打针不用吃药，只要在森林里漫步就可以使身体慢慢好转，那就是森林浴。

可是，我们也说了，有的病症是森林浴也束手无策的，我们还是要吃药打针。那么，森林到底能不能影响我们的健康呢？

森林对人体有益，首先是因为它能调节气候，适宜的温度有益人体散热和血液循环。其次，森林能吸碳制氧，维持空气中氧气和二氧化碳的正常比例，保证人们呼吸到新鲜空气。同时，森林还能消烟除尘，吸收空气中有毒气体、细菌和致癌物质。森林还有隔音消声、提供负离子的作用，避免我们的听觉器官和中枢神经系统的损伤，并使血压和心率下降。最后，森林能美化环境，怡人的环境令人疲劳顿消，良好的心境对疾病的治愈也是有影响的。

由此可见，森林对促进人体健康很重要。当你心情烦躁的时候，不妨背上背包，走进大森林，去绿色中畅游一番吧。

1. 森林能调节气候，适宜的温度有益于人体散热和什么？

（　）减少疾病

（　）血液循环

（　）血压下降

2. 下列说法不正确的是哪个？

（　）森林能吸收细菌

（　）森林能美化环境

（　）森林中没有负离子

63. 森林遭到破坏会不会造成生态危机?

地雷阵: 🕐 0　　　99 ✹

　　森林被毁将导致可怕的生态危机:首先绿洲变荒漠,目前全球荒漠化土地面积占陆地总面积的 1/5,继续扩展将使人类失去生存条件,并且全球有大约 1/3 土地受到侵蚀和流失。全球干旱缺水严重,80% 的大陆淡水资源不足,100 多个国家严重缺水。

　　如果没有了森林,夏天越来越热,冬天越来越冷。你可能会说,那又有什么关系,反正我们家有空调。但是,森林遭到破坏,带来的可怕后果远不止这些。因为森林对维持陆地整体的生态平衡起决定作用。那么,森林被毁将导致哪些更可怕的生态危机呢?

　　首先是绿洲变荒漠。目前全球荒漠化土地面积约占陆地总面积的 1/4,继续扩展将使人类失去生存条件,并且全球有大约 1/3 土地受到侵蚀和流失。与此同时,全球干旱缺水严重,60% 的大陆淡水资源不足,100 多个国家严重缺水,一些地区洪涝灾害频发。破坏森林,必然导致无雨则旱,有雨则涝。也就是说,以后的地球上不是沙漠就是池塘。其次,由于全球森林的破坏,现有物种的灭绝速度是自然灭绝速度的 1000 倍。如果人类再不保护森林资源,不久以后物种将全部灭绝。最后,森林的破坏导致温室效应加剧,人类大量使用化石燃料,如石油、煤炭、天然气等,使大气中二氧化碳浓度上升,更加快了人类走向灭绝的脚步。

　　森林破坏会导致这些生态危机的产生,对人类生存构成严重的威胁。要拯救生态环境,首先要拯救森林。

1. 破坏森林,必然导致的结果是怎样的?
　( ) 干旱
　( ) 无雨则旱,有雨洪涝
　( ) 蓄水

2. 以下哪种属于人类使用的化石燃料?
　( ) 煤炭
　( ) 酒精
　( ) 硫黄

64. 全球变暖与森林砍伐有关系吗?

当前,威胁人类生存的环境问题有全球变暖、土地荒漠化、森林资源锐减和物种加速灭绝等。那你知道什么是全球变暖吗?

全球变暖指在一段时间中,地球的大气和海洋因温室效应造成温度上升的气候变化现象。随着全球气候变暖,地球上各种极端气候现象开始增多,冰雪冻灾、洪水和热浪齐袭、炎热酷暑和狂暴飓风、滔天海啸和地震等,而风调雨顺却逐渐成为了"奢侈品",给人类带来了不小的灾难。

为什么出现这种现象呢?除了人类大量使用煤和石油等矿物燃料及排放二氧化碳等温室气体以外,砍伐森林也是加速全球变暖的原因之一。由美国、英国、法国和巴西科学家组成的一个科研小组发现,由于人类对热带雨林的大规模砍伐,目前热带雨林每年比过去少吸收 15 亿吨的二氧化碳,占每年人类活动所造成的二氧化碳排放量的近 20%。因此,由于森林的"吸热"作用在降低,大气层的温室气体越积越多,也就加剧了气候变暖。

1. 下列哪一项不是全球变暖的原因?

( ) 人类大量使用煤和石油等矿物燃料

( ) 地球离太阳越来越近

( ) 砍伐森林

2. 下列说法正确的是哪个?

( ) 全球变暖带来的灾难小

( ) 全球变暖会导致飓风

( ) 冰雪冻灾不常见

65. 什么是土地荒漠化？

地雷阵:　　　　　　　　　⏱ 0　　　99 ☀

造成土地荒漠化的原因多为人类不合理的生产活动，包括过度开垦和放牧，植树造林，水资源不合理利用，等等。当前荒漠化现象仍在加剧，它以每年6万～8万平方公里的速度扩大。

在人类诸多的环境问题中，土地荒漠化是最为严重的灾难之一。它给人类带来了贫困和社会不稳定。原本郁郁葱葱的森林和草原，怎么就变成了光秃秃的沙地了呢？

土地荒漠化是指干旱、半干旱和具有干旱灾害的半湿润地区的土地发生了退化，土地荒漠化最终的结果大多是沙漠化。造成土地沙漠化的原因有自然因素，也有气候变化的因素和人类不合理的生产活动。而人类不合理的生产活动就包括过度开垦和放牧，滥砍滥伐，水资源不合理利用，等等。这些活动导致土地严重退化，原本可以防止沙土流失的森林被毁，"绿洲"成"沙漠"。

随着人类生产活动规模的扩大，土地荒漠化也日趋严重起来。目前，土地荒漠化正以每年5万～7万平方千米的速度扩大，而这威胁着人类的生存环境。因此，只有采取相应的防护措施，如合理利用水资源、调节用地关系、合理利用清洁能源，才能逐步将我们从沙漠化的"魔爪"中拯救出来。

1. 下列哪项属于人类合理的生产活动？

（　）乱砍滥伐

（　）过度放牧

（　）栽培植物和饲养动物

2. 荒漠化以每年多少平方千米的速度扩大？

（　）5万～7万

（　）7万～9万

（　）9万～11万

66. 被称作"空中死神"的是酸雨还是冰雹?

"空中死神"指的是酸雨。酸雨就是因空气污染而造成的酸性降水,主要是人为向大气中排放大量碱性物质造成的。酸雨能直接损伤植物的根,但更为严重的是酸雨降低了树木的抵抗力,致使树木易受损害。据报道,欧洲每年有65万公顷森林受到酸雨的危害。

你听说过"空中死神"吗?这是什么呢?

酸雨就是因空气污染而造成的酸性降水。什么是酸?纯水是中性的,所以没有味道。而柠檬水和橙汁则是有酸味的,醋的酸味较大,因此它们都是弱酸。酸雨主要是人为向大气中排放大量酸性物质造成的。随着大气污染物、工业化和人类使用矿物燃料过量,酸雨逐年增多。

酸雨有哪些危害呢?它会使有毒金属溶解到水中,使鱼类数量减少,并使湖泊酸化。更为可怕的是,由于酸雨具有腐蚀性,能轻易伤害植物的叶,因此它可以间接降低植物进行光合作用的能力与抵抗力,从而减少植物的寿命,进而破坏生态环境,甚至引起土地荒漠化。据报道,欧洲每年有6500万公顷森林受到酸雨的危害,长此以往,森林将全部消失。

除此以外,酸雨通过食物链和酸雾,会诱发癌症、阿尔茨海默症和肺水肿等疾病,甚至直接导致死亡,酸雨的确是当之无愧的"空中死神"。

1. 酸雨形成的主要原因是什么?

( )太阳磁场作用

( )人为向大气中排放大量酸性物质

( )人类捕杀动物

2. 下列哪项不是酸雨带来的危害?

( )鱼类减少,湖泊酸化

( )侵蚀土壤和森林植物

( )土地荒漠化

被酸雨腐蚀的树木

67. 对森林的破坏会不会加速物种的灭绝速度?

　　当自己的宠物死去时，我们总是想"再养一只就好了"；当摆在自家窗台上的植物枯萎时，我们总是想"再买一盆就好了"。但有时这并非意味着"再见"，而是"永别"。如同 1987 年 6 月 6 日，当海冰上的人们，目睹一只黑海雀摇晃着倒下时，他们并不会意识到，这种雀科鸣鸟就此灭绝——从地球上永远地消失了。

　　一般来说，物种灭绝的速度应与生成速度平衡。但由于人类滥砍滥伐森林、肆意捕杀动物等活动破坏了平衡，物种灭绝的速度大大加快。物种灭绝使得地球另一些生物失去食物来源或天敌，引起进一步的生态失衡。

　　美国加利福尼亚大学的科学家安东尼·诺维基认为：我们正走在"灭绝的边缘"。如今，物种的灭绝速度要比自然灭绝快上 1000 倍。因此，许多本应在 1000 年后才应灭绝的生物，现在就已迎来了"消失"的结局。更为恐怖的是，一些科学家认为，地球上平均每一小时就会有一个物种灭亡。按照这种速度发展下去，也许在 300 年后，地球上的物种就会全部消失。

　　科学家们还认为，物种灭绝速度因为栖息地的破坏、外来物种的入侵、疾病的增多和全球变暖而加速，这些因素使物种灭绝的时间提前。

1. 物种灭绝的主要原因是什么?

（　）物种的优胜劣汰

（　）森林资源的锐减

（　）疾病

2. 以下说法正确的是哪个?

（　）全球变暖与物种灭绝速度无关

（　）物种灭绝速度应与生成速度平衡

（　）物种灭绝不会引起生态失衡

濒临灭绝的金丝猴

68. 每年约有多少公顷的森林在消失？

地雷阵：　　　　　　　　　0　　　　99

森林面积的减少对环境有着非常显著的影响，据统计，全世界每年约有1200万公顷的森林消失，平均每5秒钟就减少差不多有100个足球场大小的森林面积，这是多么可怕的数据！导致森林增多的原因是人类对森林过度砍伐和对林产品需求的日益增加。

凶猛的台风和洪水，被污染的天空和大地，日益减少的水资源和森林，全球变暖，物种加速灭绝……这一切是怎么回事？地球真的生病了吗？森林面积的减少对环境有着非常显著的影响，据统计，全世界每年约有1200万公顷的森林消失，平均每5秒钟就减少差不多等同于1个足球场大小的森林面积，这是多么可怕的数据！

导致森林减少的原因是人类对森林过度砍伐和对林产品需求的日益增加，使森林伤痕累累，并由此带来环境问题，所以需制订各种措施来拯救森林资源。首先要立法执法，植树造林，禁止乱砍滥伐及非法伐木行为。此外，还应大力开发木材的替代品，如可循环使用的木塑材料，以此减少对森林的过度消耗，从而有效保护森林资源。而从长远角度看，从现在起，人们要爱护树木，多多植树，同时珍惜各种木制品，如尽可能地节约纸张，拒绝使用一次性筷子等。

当前，全球森林正面临前所未有的危机，资源告急、面积减少已成为国际问题。但只要我们按照上述做法，从现在起，从我做起，开始保护森林资源，相信总有一天，我们会迎来森林重新拥抱地球的瞬间。

1. 导致森林资源减少的最主要因素是什么？

（　）人类过度开发森林

（　）政府发展农业

（　）森林火灾

2. 拯救森林资源的措施有立法执法、规范木材交易行为和什么？

（　）开发森林木材

（　）开发木材产品的替代品

（　）消耗木材及林产品

正在消失的森林

69. 我们每个人能为森林做什么？

地雷阵： ⏱ 0 99 ❁

人类曾经认为，森林是取之不尽、用之不竭的天然资源，可随意挥霍。生态保护，人人有责，在日常生活中，我们可以为保护环境做一些力所能及的事，如使用环保袋、乘坐公共汽车、无纸化办公、使用一次性筷子、食用野生动物、在房前屋后栽树等。

人类曾经认为，森林是取之不尽、用之不竭的天然资源，可随意挥霍，如毁林开荒、修建宫殿及砍伐珍稀木材牟利。可实际上呢？前面曾经说过，平均每分钟减少的森林面积，差不多有1个足球场那么大。其实，这些消失的森林，早已在不知不觉间，进入了我们的生活中——饭店中的一次性筷子、房间里的各种立柜、学习办公用的纸张，甚至画框和卷轴，都是森林用自己的"生命"换来的。

而当森林被毁，生态环境日益恶化，给人类生存带来严重后果之后，人类才清醒地认识到，森林破坏导致环境问题，破坏环境等于破坏人类生存条件。当前，全世界各个国家和地区把生态环保提到重要地位，有的已上升为民族意识。环境问题正向着国际化、政治化方向发展。

所以，生态保护，人人有责。在日常生活中，我们可以为保护环境做一些力所能及的事，如使用环保袋、乘坐公共汽车、无纸化办公、不使用一次性筷子、拒食野生动物、在房前屋后栽树等。生态环保，你我当同行。

1. 人类对森林资源随意挥霍表现在哪方面？

（　）毁林开荒

（　）使用塑料袋

（　）使用一次性筷子

2. 下面哪项不是人类对生态环境进行保护的行为？

（　）乘坐公共汽车

（　）简化房屋装修

（　）穿野兽毛皮做的服装

保护森林从种植一棵小树做起

70. 现在地球的森林面积在增加还是减少？

地雷阵：　　　　　　　　0　　　　99

在过去十年中，每年约 1000 万公顷的森林消失，而 20 世纪 90 年代则每年约 1600 万公顷。森林采伐率呈上升迹象，但森林消失的速度仍惊人地高。2000 年至 2010 年间，森林面积约为每年减少 520 万公顷（相当于哥斯达黎加的国土面积），低于 1990 年至 2000 年的 800 万公顷。

意识到森林的危机以后，全球各国开始着手制定相关政策法规来保护森林。林业也相继发展起来，缓和了人类与森林之间供给与需求的关系。

大规模植树使全球森林面积损失明显减少，全球森林砍伐速度虽然出现减缓迹象，然而森林消失速度却依旧高得惊人。只要人们继续无休止地向森林索取，对于自然的欲望以及开拓就不会停止。

在过去十年中，每年约 1300 万公顷的森林消失，而 20 世纪 90 年代则每年约 1600 万公顷。在 2000 年至 2010 年期间，森林面积约为每年减少 520 万公顷，低于 1990 年至 2000 年的 830 万公顷。这说明许多国家已通过积极开展植树造林，大大减少了森林面积的损失。

挥霍森林资源与保护森林是艰难的博弈。尽管在保护森林方面，人类已取得显著进步。但许多国家毁林农耕现象仍很严重，所以我们还需付出巨大的努力保护全球的森林资源的稳健发展。

1. 近年来，全球森林面积损失明显减少的原因为砍伐率下降与什么？

（　）退耕还林

（　）植树造林

（　）生态保护

2. 下列说法正确的一项是哪个？

（　）森林损失率在升高

（　）毁林农耕现象不存在

（　）人类还需努力保护森林

71. 保护环境的"4R 运动"含义是什么？

为了保护森林，我们提倡"4R 运动"：Refuse（拒绝）、Reduce（减少）、Reuse（再利用）和 Recycle（循环利用）。Reduce：拒绝多余的商品包装；Refuse：尽量减少垃圾；Reuse：提倡反复利用物品。东西坏了可以修理，修理后能继续使用；Recycle：提倡资源有效利用。

为了节约水资源，大家都会在洗手后乖乖地把水龙头扭紧了。可是现在知道森林需要保护，你也很着急，但是却不知道具体该怎么办，对不对？

如何保护森林呢？我们要做到尽量减少垃圾、减少浪费、提倡物品的再利用。即"4R 运动"：Refuse、Reduce、Reuse 和 Recycle。这四个单词大家一定要认识哟，它们的意思分别是拒绝、减少、再利用以及回收。接下来让我们一个一个地理解它们：Refuse 是指拒绝多余的商品包装，买菜时尽量使用自己带的菜篮子或布袋子，不要使用一次性塑料袋；Reduce 是指尽量减少垃圾，不要乱撕纸张；Reuse 提倡反复利用物品，东西坏了不要嫌弃地丢掉它，你可以修理后，再继续使用；Recycle 提倡资源有效回收利用，回收利用先从垃圾分类开始，认清可回收物，不要和不可回收物混在一起，这可是大家平时丢垃圾时要注意的哟。

"4R 运动"，让我们从生活中的点点滴滴做起！

1. "4R 运动"中的 Reuse 是什么意思？

（　）拒绝多余的商品包装

（　）提倡反复利用物品

（　）提倡资源有效回收利用

2. 下列说法正确的一项是哪个？

（　）保护森林即保护人类

（　）东西坏了不用再修理

（　）物品不能反复利用

做好垃圾分类

72."撑起"天空的是树木还是人类？

"百年树木，十年树人。"这句话你有没有听过？倘若我问你，是树木更重要还是人更重要？你可能会说是人，因为人是有思想的，是万物的主宰。

但是，在美洲大陆，流传着这样的谚语："是树木撑起了天空，如果森林消失，作为世界之顶的天空就会塌落，自然和人类就会一起死亡。"确实，身为万物之灵的人类，与森林从来不是谁主宰谁的问题，而是共同生存的问题。并且，保护森林离我们并不远，在日常生活中，我们应学会用行动保护自然环境。

在校园里，要做到不乱丢垃圾，节约用水、用电，节约粮食，珍惜纸张，尽量坐公交上下学。在家庭中，我们要爱惜食物，在房前屋后或阳台上种植花草树木，搞好环境卫生，用相对较干净的二次水冲马桶、擦地板或者浇花，离开房间随手关灯，用手帕代替餐巾纸。在社区，我们要大力宣传环保知识、保护社区各处的动植物、在社区中放置垃圾保洁箱、设立废旧电池回收点、不使用一次性筷子，以此来保护社区的自然与人文环境。

让我们在每个人的心中，建起一座自然保护区吧。

1. 珍惜纸张、节约用纸是保护什么的表现？

（　）植物

（　）动物

（　）土地

2. 下列哪一种不是保护森林的行为？

（　）同破坏环境行为作斗争

（　）在院子里种植花草树木

（　）上树捉小鸟玩赏

黄石自然保护区风光

73. 我们能不能在森林中放鞭炮?

破坏森林的三大自然灾害有:病害、虫害和火灾。森林火灾突发性不强、破坏性大、处置救助困难,不但给人类经济建设和生命财产造成损失,并使动物无家可归。对于森林火灾的防范要做到以下几点:不乱扔烟头;在野外用火要小心谨慎,尽量选择空旷的地方;过年时,可以在任意地点放鞭炮;野餐后炭火要用水浇灭;不携带容易摩擦起火的物品。

森林每天都生活得很艰难,除了要担心不法分子偷偷砍伐自己的同类;还要担心有虫子寄居在自己的身体里,让自己生病,慢慢干枯死去;更担心不知哪天风一吹,吹来一个小小的火种,却引燃一场大火,将自己烧死,将自己的家族毁于一旦。

森林火灾突发性强,破坏性大,处置救助困难。不但给人类经济建设和生命财产造成损失,并使动物无家可归。所有森林中每年平均有1%的面积遭受火灾的严重破坏,足以说明森林火灾的破坏性与危害性。那么,对于这些情况,我们该如何去做呢?

对于森林火灾的防范我们要做到以下几点:不乱扔烟头,因为"星星之火可以燎原"。在野外用火可要小心谨慎,尽量选择空旷的地方;过年时,要在安全地点放鞭炮;野餐时使用的炭火要及时用水浇灭;不要携带容易摩擦起火的物品。

防止森林火灾对人类而言是举手之劳,可是它却关系着树木的生命,请大家一定要做到。

1. 破坏森林的三大自然灾害有:病害、虫害和什么?

( )砍伐

( )火灾

( )疫病

2. 下列属于防治森林火灾的正确做法是哪个?

( )不乱扔烟头

( )随意放鞭炮

( )野餐后炭火不用水熄灭

森林火灾破坏性大

74. "世界森林日"就是植树节吗？

地雷阵： 〇 0　99 ☀

"世界森林日"，英文名称"World Forest Day"。1971年，在欧洲农业联盟大会上，西班牙首次提出了"世界植树节"的概念，希望引起大家对森林的重视。在这一年的11月，"世界森林日"被联合国粮食及农业组织正式予以确认，日期被定在了每年的3月12日。

劳动节是为辛勤劳动的人们设立的节日，每到这一天劳动者们可以放假休息。儿童节是小朋友的节日，孩子们在这一天可以快快乐乐地玩耍。你知道吗？像人类有很多节日一样，森林也有它自己的节日，但是大家要注意哦，它的节日可不是植树节，而是"世界森林日"。

"世界森林日"，英文名称是"World Forest Day"。1971年，在欧洲农业联盟大会上，西班牙首次提出了"世界森林日"的概念，希望引起大家对森林的重视。在这一年的11月，"世界森林日"被联合国粮食及农业组织正式予以确认，日期被定在了每年的3月21日。自1972年开始的每一年3月21日，世界都会庆祝这一纪念日，并且每年都有一个纪念日主题。如2007年的主题是"森林：我们的骄傲"，2012年的主题是"保护地球之肺"。虽然主题年年不同，但都告诉人类一个道理——森林影响着每一个人，保护森林是每一个人的责任。

现在，好好想一想，下一个世界森林日到来的时候，你该为森林做些什么呢？

1. "世界森林日"的英文名称是什么？

（　）Meteorological Day

（　）World Forest Day

（　）International Labour Day

2. 2012年世界森林日的主题是什么？

（　）善待并擅待森林

（　）森林：我们的骄傲

（　）保护地球之肺

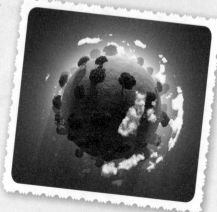

指尖探索·科学
www.zjtansuo.com

中国第一个专门针对小学科学的问测在线学习平台

问测学习 涵盖生命世界、物质世界、地球与宇宙等1000多个知识点，互动问测题1.5万余题

科教资源 精美珍贵图片2万余幅，科学美文50多万字

事实百科 4000余条百科知识，轻轻松松满足查阅的需求

实验百科 涵盖科学课全部实验，重点实验配有演示视频

科学酷闻 通过视频节目，既学习科学知识，也了解时事新闻，是素质教育的全新尝试